加德纳趣味数学典藏版·第三辑

亨利·杜德尼的

代数趣题

【英】亨利·杜德尼 著

周水涛 译

U0332539

上海科技教育出版社

图书在版编目(CIP)数据

亨利·杜德尼的代数趣题 /（英）杜德尼著 ；周水
涛译. —上海:上海科技教育出版社,2015.1

（加德纳趣味数学:典藏版.第3辑）

书名原文:Amusement in mathematics

ISBN 978-7-5428-6105-4

Ⅰ.①亨… Ⅱ.①杜… ②周… Ⅲ.①代数—普及读
物 Ⅳ.①015-49

中国版本图书馆CIP数据核字(2014)第262612号

目 录

Contents

问题 答案

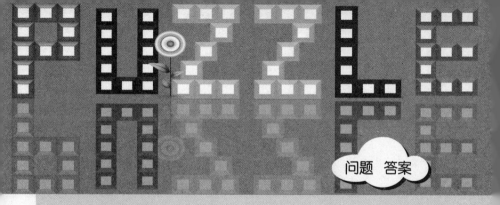

问题 答案

序言

Introduction

　　在出版我这本数学趣题集子(其中有些趣题已在期刊上出现过,其他都是在这里首次露面)的时候,我必须向国内外许多素昧平生的来函者所给予的鼓励表示感谢,他们表达了这样的一个愿望:把这些题目结集成册,并且以报刊不可能给予的较大篇幅对一些题目作出较详细的解答。虽然我也收进了少数几个让这世界上好几代人都兴趣盎然的古老趣题(我感到对它们还有一些新的东西要说),但仍可以说这里的题目基本上是原创的。确实,其中有些题目通过报刊已广为人知,但读者也可能很乐意知道它们的来源。

　　关于数学趣题的一般理论问题,我在其他地方已发表过一些观点,这里恐怕没有什么可说的了。这方面的历史所能遗赠的,无非是关于人类精确思维的肇始和发展的实际过程。历史学家必须以人类第一次成功地数出自己十个手指和成功地把一只苹果分为大致相等的两部分的时候为起点。每一道值得考虑的趣题都可认为是属于数学和逻辑学。每一个男人、女人和孩子,只要在试图"推出"哪怕最简单的趣题的答案,纵然他不一定意识到,他就是在按着数学思路在思索。甚至那些除了随意的尝试外我们没有其他解决途径的趣题,也可以归于用一种已被称为"光荣测试"(Glorified Trial)的方法 —— 一种通过避免或排除我们的推理所告知的无效尝试来减少我们工作量的方法。当然,有时候要说出这种"经验过程"始于何处终于何时,可不是一件容易的事。

　　当一个人说"我这一生中从未解过一道趣题"时,我们很难确切地弄懂他的意思,因为每一位有正常智能的人每天都在解题目。我们疯人院里那些不幸的居住者被人们急忙送到那儿,是因为他们不能解题了——

因为他们失去了推理的能力。如果没有题目可解，那么也就没有问题可问；而如果没有问题可问，这将是个什么样的世界！我们将人人都无所不知，无所不晓，而我们的交谈也将变得毫无作用而且百无聊赖。

可能有那么一些过分严谨的数学家，他们在他们所喜爱的这门科学中，一向不能容忍除了正规术语之外的其他任何称法，一向反对让难懂的 x 和 y 以其他任何名义出现。他们但愿许多题目在表达时用一种不那么通俗的修饰，在引入时用一种不那么活泼的措辞。对此我只能请他们注意我这本书名称的第一个词（第一个词是 amusement），提醒他们我们主要是为了娱乐——当然，也不是没有带着某种顺便拾取点滴知识的愿望。如果说这种态度方式未免轻率，我只能用试金石①的话说：它是"一个丑陋的东西，殿下，然而是我自己的东西；这是我的一个坏习性，殿下。"

至于题目的难度问题，有些趣题，特别是"算术和代数"这一门类中的题目，是十分容易的。然而，就在这些题目中，有一些虽然看上去极其简单，却不应该一点不加考虑地予以忽视，因为你会不时发现其中暗藏着多少有点巧妙的陷阱和圈套，一不小心就会掉入。这是一种很好的练习题，它让你养成对题目中的用词细看明察的习惯，它让你学会严谨和缜密。但是有些题目确实有着非常难啃的内核，并非不值得引起前沿数学家的注意。读者无疑应当根据个人的品味进行选择。

在许多情况下，我只给出简单的答案。这就给初入门者留下了一些

---

①试金石，一译达士东，莎士比亚戏剧《皆大戏喜》中的一个人物。——译者注

对他们很有益的事情——自己把解题过程补出来。这样做也省下了在解题高手们看来是浪费的一些篇幅。另一方面,在某些看来很可能令人感兴趣的场合,我给出了相当详尽的解答,并用一种一般的方式来处理题目。读者经常会发现,对一道题目的注解完全可以适用于本书中好多其他的题目;因此当他看下去的时候,有时会发现他原先的困难已一扫而光。有些地方我会说对一件事情用了一种一般来说或许"人们都能理解"的方式,我喜欢使用这个简单的说法,并以此吸引更多公众的注意和兴趣。在这种情况下,数学家不难用他熟悉的符号把所考虑的事情表达出来。

我在阅读校样时万分仔细,因此自信基本上不可能漏过任何差错。如果真有差错的话,我只能搬出贺拉斯的话:"杰出的荷马有时也会打瞌睡。"或者,按那位主教的说法,"连我教区中最年轻的助理牧师也不会永不犯错。"

我必须向《河岸杂志》(*Strand Magazine*)、《卡斯尔的杂志》(*Cassell's Magazine*)、《女王》(*The Queen*)、《趣闻》(*Tit Bits*)和《每周快讯》(*The Weekly Dispatch*)的老板们表示我特别的谢意,因为他们慨然应允我重新发表一些已在这些杂志上刊登过的趣题。

1917年3月25日于
作者俱乐部

20世纪初英国的货币、邮票及计量单位

　　杜德尼的一些趣题,涉及20世纪初英国的货币。读者如果不熟悉,就无法解题。故在此作一简单介绍。

　　英国货币的基本单位是镑,也称英镑。比较小的单位有先令、便士、法寻。在20世纪初,1英镑等于20先令,1先令等于12便士,1便士等于4法寻。

　　当时英国发行的硬币及其进制如下表:

名称	进制
法寻	1法寻 = $\frac{1}{4}$ 便士
半便士	
便士	
两便士	
三便士	
四便士	
六便士	
先令	1先令 = 12便士
弗罗林	1弗罗林 = 2先令
半克朗	1半克朗 = 2先令6便士
双弗罗林	1双弗罗林 = 4先令
克朗	1克朗 = 5先令
半沙弗林	1半沙弗林 = 10先令
沙弗林	1沙弗林 = 20先令或1镑
几尼	1几尼 = 21先令

在杜德尼生活的时代,英国通行的邮票有以下这些面值:半便士、一便士、一便士半、两便士、两便士半、三便士、四便士、五便士、六便士、九便士、十便士、一先令、两先令六便士、五先令、十先令、一镑和五镑。

本书使用的计量单位基本上是英制计量单位。解题计算时涉及进制的主要是长度和面积的单位。本书出现的英制长度单位有英寸、英尺、码、杆和英里,其进制是:1英尺等于12英寸,1码等于3英尺(36英寸),1杆等于5.5码(16.5英尺),1英里等于320杆(1760码或5280英尺)。本书出现的英制面积单位除了长度单位的平方形式(如平方英尺)外,还有英亩。1英亩等于4840平方码。

钱币趣题

不要把你的信念放在金钱上,而要把你的金钱放在信念上。

——霍姆斯①

---

① 奥利弗·温德尔·霍姆斯(Oliver Wendell Holmes,1809—1894),美国医生,诗人,散文家。——译者注

1. 邮局里的困惑

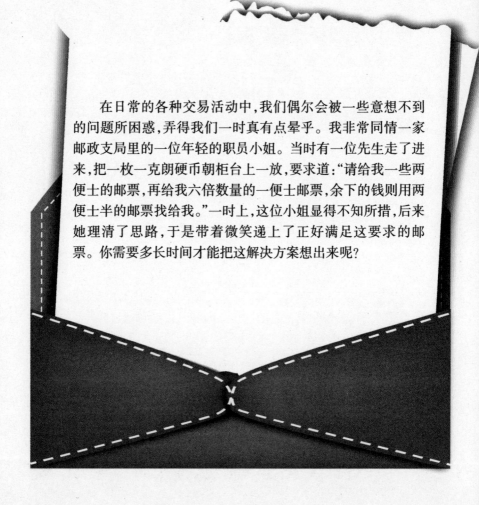

　　在日常的各种交易活动中,我们偶尔会被一些意想不到的问题所困惑,弄得我们一时真有点晕乎。我非常同情一家邮政支局里的一位年轻的职员小姐。当时有一位先生走了进来,把一枚一克朗硬币朝柜台上一放,要求道:"请给我一些两便士的邮票,再给我六倍数量的一便士邮票,余下的钱则用两便士半的邮票找给我。"一时上,这位小姐显得不知所措,后来她理清了思路,于是带着微笑递上了正好满足这要求的邮票。你需要多长时间才能把这解决方案想出来呢?

2. 在牲口市场上

三个乡下人在一家牲口市场上相遇了。"看好了,"霍奇对杰克斯说,"我把我的六头猪给你,换你的一匹马,这样你手头拥有的牲口数目就是我的两倍了。""如果这就是你做交易的风格,"达兰特对霍奇说,"那还是我把我的十四只绵羊给你,换一匹马,这样你拥有的牲口数目就是我的三倍了。""行了,我比这还要优惠,"杰克斯对达兰特说,"我给你四头奶牛,换一匹马,这样你拥有的牲口数目就是我手头的六倍了。"

这种用牲口交换牲口的贸易方式无疑是非常原始的,但是它提出了一道有趣的小题目,那就是求出杰克斯、霍奇和达兰特到底各带了多少头牲口到这个市场来。

3. 并不成熟的
早熟

一些年轻人的早熟现象十分令人吃惊。人们有时喜欢说："你那孩子是个天才,他长大后肯定会干大事。"但是过去的经验告诉我们,这些孩子千篇一律地长成了十分普通的公民。与此相反,经常倒是这样的情况:愚钝的孩子长成了伟大的人物。你永远也说不出这是为什么。老天就是喜欢向我们展示这种有悖常理的怪事。众所周知,那些"速算神童"时而用他们的超凡事迹让世界惊叹不已,但是一旦教会他们关于算术的基本法则,他们这种神奇的本领顷刻全部丧失。

一个男孩正在津津有味地吃着一根粗大甜美的香蕉,一个年轻的朋友凑上前来,用羡慕的眼光注视着他,问道:"你买这根香蕉花了多少钱,弗雷德?"他立即得到了回答,这回答是如此的不同凡响:"那个卖我香蕉的人卖出十六罗①香蕉得到的六便士硬币的枚数,正好是他得到一张五英镑纸币而卖出的香蕉的根数的一半。"

现在,读者需要多长时间才能正确地说出,弗雷德为买他这珍奇而别有风味的水果到底付了多少钱?

---

① 罗,计数单位。1罗 = 12打,1打 = 12个。——译者注

4. 关于远足的趣题

一群人一起外出,进行一次远足。他们相互召唤,结果结成了4伙——具体地说,25个鞋匠一伙,20个裁缝一伙,18个制帽匠一伙,以及12个制手套匠一伙。他们一共花费了6英镑13先令。人们发现,5个鞋匠的花费相当于4个裁缝的花费,12个裁缝的花费相当于9个制帽匠的花费,6个制帽匠的花费相当于8个制手套匠的花费。这道趣题是要你求出这4伙人每伙各花了多少钱。

5. 奇怪的巧合

有七个人,名字依次是亚当斯、贝克、卡特、多布森、爱德华、弗朗西斯和格杰恩。近来他们迷于玩游戏。他们所玩的游戏叫什么名称,这无关紧要。他们约定,每当一人赢了一局,他就应该把其他每个人的钱翻一番。也就是说,其他每个人的口袋里原来有多少钱,他就要再给他们同样多的钱。他们玩了七局,说来真奇怪,每人轮着各赢了一局,而且是按着上面他们名字的给出次序。但是还有一个更奇怪的巧合——当游戏结束时,他们七人每人口袋里的钱正好一样多,都是两先令八便士。这道趣题是要你求出他们每个人在坐下玩游戏前身边各有多少钱。

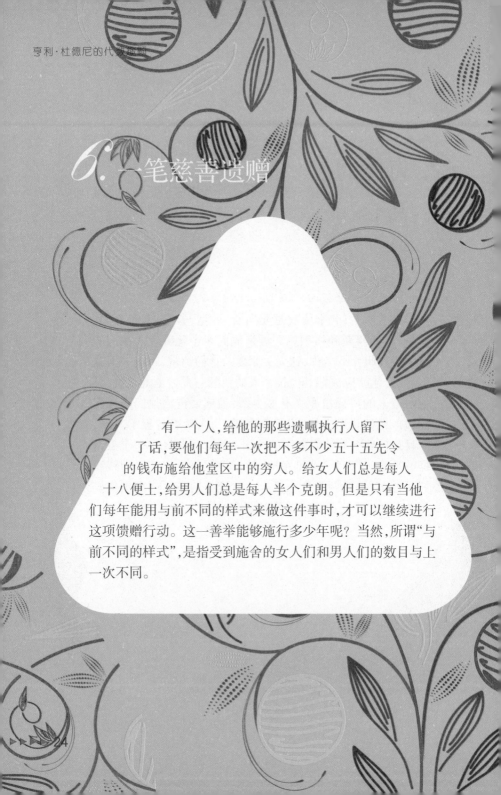

6. 一笔慈善遗赠

有一个人,给他的那些遗嘱执行人留下了话,要他们每年一次把不多不少五十五先令的钱布施给他堂区中的穷人。给女人们总是每人十八便士,给男人们总是每人半个克朗。但是只有当他们每年能用与前不同的样式来做这件事时,才可以继续进行这项馈赠行动。这一善举能够施行多少年呢?当然,所谓"与前不同的样式",是指受到施舍的女人们和男人们的数目与上一次不同。

7. 寡妇应得的遗产

一位绅士最近去世,留下了一笔8000英镑的遗产,由他的遗孀、五个儿子和四个女儿分享。据他生前嘱咐,每个儿子应该得到每个女儿所得的三倍,每个女儿应该得到她们母亲所得的两倍。那么这位寡妇得到了多少遗产呢?

8. 一视同仁的施舍

有一位仁慈的绅士，一天晚上在他回家的路上，先后遇到三个穷人向他求助。对第一个人，他给了自己口袋里钱的一半再加上一个便士；对第二个人，他给了自己当时口袋里钱的一半再加上两个便士；对第三个人，他递上了自己所剩钱的一半再加上三个便士。当他踏进家门的时候，口袋里只有一个便士了。现在，你能不能准确地说出当这位绅士开始向家里走的时候身边带有多少钱？

A 两架飞机

一个人最近买进了两架飞机,但是后来发觉它们不符合他的需要,于是他把它们以每架600英镑的价格卖了出去,这使得他在一架飞机上亏了20%,而在另一架飞机上赚了20%。他的这笔买卖从整体上说是赚了还是亏了? 如果赚,那么赚了多少? 如果亏,那亏了多少?

10. 买礼物

"你猜上星期我在镇上遇见谁了,威廉兄弟?"本杰明大叔说,"是那个老吝啬鬼乔金斯。他家里人带着他到处转悠,购买圣诞节礼物。他对我说,'为什么政府不能废除圣诞节?为什么不能让赠送礼物的行为受到法律的惩处?今天早上我出来的时候口袋里带着一定数量的钱,现在我发觉我正好花掉了其中的一半。事实上,如果你信我的话,我带回家的先令数目正好等于我带出来的英镑数目,而我带回家的英镑数目正好是我带出来的先令数目的一半。真是见鬼了!'"你能不能准确地说出乔金斯为买那些礼物花了多少钱?

11. 自行车手的盛宴

那是在上一次的法定长假,我听人这么讲,
天清气爽有一伙人骑自行车出外游荡。
中午休息时分来到一家老牌的小酒坊,
大伙儿全都同意在一起大吃大喝图个爽。
"老板,把一切都开在一张账单上,"他们叫嚷,
"因为这笔钱将平摊到每个人的头上。"
这账单顷刻之间就在桌子上平躺,
结算下来那天总共花了四个英镑。
不过说来悲伤,正当他们就要付账,
却发现有两个家伙溜了出去胜利逃亡。
这样,每个留下来的老实人不得
不多把血放,
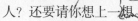
除了应付的份额还要把两先令
加上。
当然,他们后来同那两个混蛋算
清了账。
但这伙自行车手出发时共有几
人? 还要请你想上一想。

12. 百万富翁的困惑

　　摩根·G·布鲁姆加滕先生是个百万富翁,在美国以"蛤蜊大王"闻名。真是自作自受,他的钱财多得简直不知道怎么花才好。这很令他烦恼。于是他决定用钱去同他的一些贫穷但快乐的朋友捣个乱。他们从未做过有害于他的事,但是他却决心要把这"万恶之源"移植到他们身上。因此他打算把一百万美元分给他们,看着他们怎样迅速地堕落。但是他是个想法怪异又颇为迷信的家伙,他有一条不容侵犯的原则:从不进行不是一美元或美元数目不是7的幂——如7、49、343、2401——的馈赠。所谓7的幂,就是把若干个7乘起来得到的数。他的另一条原则是,他从不给多于六个的人同样多的金钱。那么,他会怎样分配这1 000 000美元呢? 在这些给定的条件下,你爱把这笔钱分给多少人就分给多少人。

13. 伤脑筋的储蓄盒

　　有兄弟四人,名字分别叫约翰、威廉、查尔斯和托马斯。他们每人各有一个储蓄盒。这储蓄盒是在同一天给他们的,他们立刻把自己所有的钱都放了进去;只是因为这盒子不是很大,他们都先把钱兑换成了尽可能少的硬币。他们做完这些事之后,就把自己所存的数额相互说了。结果发现,如果约翰拥有的钱能比自己储蓄盒中现有的钱多上2先令,而威廉的则减去2先令,查尔斯能把自己的钱翻一番,而托马斯只有自己的钱的一半,那么他们各人拥有的钱正好一样多。

　　现在,我把这四个储蓄盒中的钱都加在一起,结果得到45先令,而且这些盒子中总共只有6枚硬币。这就变成了一道引人入胜的趣题:求出每个盒子中存放的到底是哪些硬币。

14. 除夕晚餐

　　伦敦一家小咖啡馆的老板给我说了一些有趣的数据。他说到他那儿愉快一下身心的顾客,如果是独身一人的女士,那么平均每人消费十八便士;如果是没有伴侣的男士,那么平均每人消费半个克朗;如果是一位先生带着一位小姐,那么他将消费半个几尼。除夕那天晚上,他给二十五个人供应了晚餐,总共得到五英镑。现在,假定他对上面各种情况所说的平均值是有效的,那么那天晚上这些情况在他的客人中各占几例? 当然,可以假定来这家咖啡馆的只有单身男士、单身女士和情侣(一位小姐和一位先生)这三种情况,因为我们没有考虑人数更多的情况。

15. 牛肉和香肠

　　"我的一位邻居，"简大婶说，"以每磅两先令的价格买了一定重量的牛肉，又以每磅十八便士的价格买了同样重量的香肠。我向她指出，如果她把花的这些钱平分为两份，一份买牛肉，一份买香肠，那么她将在总重量上多出两磅。你能告诉我她到底花了多少钱吗？"

　　"这可不关我的事，"森尼博恩太太说，"但是一个女人愿意付这样的价钱，她在家政方面一定是不怎么有经验的。"

　　"我十分同意，亲爱的，"简大婶答道，"但是你看这并不是我们讨论的问题，至于那名肉贩的姓名和道德品质，更是没有关系了。"

16. 一笔苹果交易

我花一先令向一个人买了一些苹果,但是它们太小了,因此我要他再加了两只。我发现这样一来,苹果的实际价钱比他的要价正好每打少了一便士。那么我用这一先令买了多少只苹果?

17. 一笔鸡蛋交易

　　前不久,有一个人来到一家奶制品商店买鸡蛋。他需要一些不同质量的鸡蛋。店里有刚生下的鸡蛋,价钱高达每只五便士;有新鲜鸡蛋,价钱是每只一便士;有普通鸡蛋,每只半便士;还有用于竞选活动的鸡蛋,价钱就低得微不足道了。但是当时并无竞选活动,因此这最后一种鸡蛋对购买者毫无用处。不过,前三种鸡蛋他都买了一些,结果正好买了一百只鸡蛋,花钱是八先令四便士。现在,已知他买去的三种质量的鸡蛋中,有两种质量的鸡蛋数目相同,那么确定出他每种价钱的鸡蛋到底各买了几只,就成了一道有趣的题目了。

18. 卖食品与卖布料

有一家农村商店,一半铺面卖食品杂货,另一半铺面卖布料。两面各有一名营业员。这两人可是冤家对头,他们都以接待顾客时手脚麻利而自以为了不起。食品杂货铺面的那个年轻人每分钟能称出两包一磅重的食糖,而卖布料的那名营业员每分钟能剪出三块一码长的布料。有一天生意清淡,老板就让他俩比试比试。他给卖食品杂货的营业员一桶食糖,要他称出四十八包一磅重的食糖;他又要卖布料的营业员把一匹四十八码长的布料剪成一码一块。比赛不时因接待顾客而中断,他们俩一共被耽误了九分钟,但是卖布料的营业员被耽误的时间是卖食品杂货的营业员的十七倍。比赛结果如何?

19. 家庭经济学

　　年轻的珀金斯太太从普特尼给我来信,信中这么说:"最近,一道小小的算术题搅得我寝食不安。如果你能把答案讲给我听,我将非常高兴。情况是这样的:我们结婚只有短短的一段时间,现在,从建立家庭账务算起过了整整两年的时候,我丈夫告诉我,他发现我们在房租、地方税和国家税上花了他年收入的三分之一,在日常开销上花了二分之一,在其他方面花了九分之一。他在银行里尚有结存190英镑,我知道这一点,是因为他那天忘了把他的银行存折收起来,让我偷看到了。难道你不认为丈夫应该把关于他钱财的所有秘密都告诉妻子吗? 不管怎么说,我是这样认为的。然而——你会相信吗? ——他从未告诉我他的收入到底是多少,而我,就是想知道,这非常合乎情理。根据我给你的数据,你能不能告诉我他的年收入是多少?"

　　不错,根据珀金斯太太信中的数据,当然能给出答案。但是我的读者们,如果不提醒你们要注意的话,你们差不多人人都会宣称这收入是——一个比正确答案大得不像话的数额!

20. 圣诞赏钱

好几年之前,有一个人告诉我,他在圣诞赏钱上用掉了一百枚英国银币[①]。他给每个人的钱都一样多,这不多不少一共花了他1英镑10先令1便士。你能不能告诉我,到底有多少人收到了他的赏钱?他又是怎样分配他的一百枚银币的?那个一便士零头似乎很奇怪,但它完全正常。

[①] 当时在英国流通的硬币有三便士、六便士、先令(1先令)、弗罗林(2先令)、半克朗(2先令6便士)、双弗罗林(4先令)、克朗(5先令)这几种,四便士的银币在此前不久已停用。——译者注

21. 购物时的困惑

　　两位女士去一家商店购物。出于某种奇特的习惯，这家商店从不找零，而且规定一个人的购买总额要少于五先令。"你瞧，"一位女士说，"我发现我买的东西用我国目前流通的硬币来支付，总不能少于六枚。"另一位女士想了一下，惊叫起来："真是太巧了，我也遇到了完全同样的问题。""那么把我们两人的账单合起来付吧。"然而，令她们大吃一惊的是，她们仍然需要六枚硬币。那么她们两人的购物金额(已知互不相同)最少各是多少①?

---

　　① 似乎应该加上一个条件——这家商店规定付款不能多于五枚硬币。这样在故事逻辑上才说得通，虽然这并不影响解题。另外要说明的是，当时两便士和四便士的硬币已停用。——译者注

22. 初等职员的难题

　　有两个年轻人,名字很好听,一个叫莫格斯,一个叫斯诺格斯。他们被绞肉胡同的一名商人雇用为初等职员。按约定他们的薪金一样,都是头一年年薪50英镑,半年结算一次。以后莫格斯每年增加10英镑。斯诺格斯本来也是这样,但是出于某种与我们题目无关的理由,他要求最好改为每半年增加2英镑10先令。对此,他的雇主(或许他很通人情!)没有表示反对。

　　现在我们进入正题。莫格斯每次拿到薪金,总是把其中固定比例的一部分存入邮政储蓄银行;斯诺格斯也是这样,但他的存钱比例是莫格斯的两倍。到第五年岁末,他们两人一共存了268英镑15先令。他们每人各存了多少? 利息问题可以不予考虑。

23. 偷自行车的贼

这里是一道搅脑子的小题目，它常常打扮成各式各样的面貌出现。一名自行车手买下了一辆自行车，价钱是15英镑。他拿出一张25英镑的支票付账。车店老板到隔壁的一位店主那儿把支票用现钱兑开，自行车手拿到他的10英镑找头后，骑车扬长而去，一眨眼便没了踪影。那张支票结果被证明是张空头支票，于是隔壁那位店主要求车店老板退还当初他收下的那笔钱。为此，车店老板不得不向一位朋友借了25英镑，因为那名自行车手忘了留下地址，找不到。现在，已知车店老板进那辆自行车花了11英镑，那么他一共损失了多少钱？

24. 关于街头小贩的趣题

"你买这些橘子花了多少钱,比尔?"

"我可不想告诉你,吉姆。但是我砍了那老家伙的价,每一百个便宜四便士。"

"这样你得到了多少好处?"

"好吧,这意味着每十先令多了五个橘子。"

现在问:比尔买橘子实际上是按什么价钱付的款? 只存在一种价钱符合他的陈述。

25. 贾金斯的牲口

　　海勒姆·B·贾金斯是得克萨斯州的一名牲口交易商,他有一些猪、一些牛和一些羊,分为五群,每群牲口数目一样多。一天早晨,他把这些牲口全部出手,卖给了八名交易商。每名交易商买进的牲口数目相同,价钱都是一头牛十七美元,一头猪四美元,一头羊两美元。海勒姆一共收进三百零一美元。他出手前最多能有多少头牲口?每种牲口有几头?

26. 买栗子

　　虽然下面这道小趣题说的是买栗子的事,但它本身并不是那种陈腐的老故事①。这是一道全新的题目。初看上去,它显然属于那种"胡说八道逗你玩"的类型,但只要你考虑得当,它绝对没问题。

　　一个人到一家商店里买栗子。他说他要买一便士的栗子,结果他得到了五颗栗子。"这不够;我应该还有 a sixth,"他说道。"但是我再给你一颗栗子,"店主答道,"你就多拿 five 了。"好了,说来奇怪,他们俩都没错。这位顾客用半克朗能买到多少颗栗子?

---

　　① 英语"栗子"chestnut,又义"陈腐的笑话"、"陈词滥调"等,故有此说。——译者注

二

年龄和亲属关系趣题

我们一生的年日是七十岁。

——《圣经·诗篇》第90篇第10节

几个世纪以来,把算术趣题用关于某人年龄的问题形式提出来,是一种特别受到青睐的做法。它们一般用代数就可以非常容易地解决,不过困难却往往在于把它们正确地表述出来。它们可能构造得非常复杂,可能需要相当的才能,但是没有一般的法则能够有效地给出它们的解法。解题者必须利用他们自己的聪慧。

说到关于亲戚关系或者说亲缘关系的趣题,十分令人奇怪的是,许多人觉得这些题目怎么这样难。即使在日常的谈话中,有些关于亲戚关系的话,在说话人心中是十分明白的,却让其他人的脑子立即变成了浆糊。像"他是我叔叔的女婿的妹妹"这样的话语,如果不加上一些详细而吃力的说明,对某些人来说绝对等于什么也没说。在这种情况下,最好的方法是草画一张家族系谱简表,这时眼睛就立即帮上了大脑的忙。如今,我们对血统的尊重已逐渐消失,大多数人已经没有迅速画出这种表的习惯了,这很遗憾,不然他们有时可以节省许多时间和脑汁。

27. 子女们的年龄

　　最近,当斯迈利夫妇接待那位好叔叔的来访时,这对溺爱孩子的父母把他们的五个孩子——带到他面前。最先上前的是比利和小格特鲁德,叔叔被告知,这男孩的年龄正好是这女孩的两倍。接着上前的是亨里埃塔,据介绍她和格特鲁德的年龄之和等于比利的两倍。然后查利跑了过来,这时有人说这两个男孩的年龄之和正好是那两个女孩年龄之和的两倍。叔叔正要对这些巧合表示惊奇时,珍妮特进来了。"啊哈!叔叔,"她大叫,"你正好在我二十一岁生日时来了!"对此斯迈利先生添上了最后一句令人晕眩的话:"对了,现在这三个女孩的年龄之和等于那两个男孩年龄之和的两倍。"你能给出每个孩子的年龄吗?

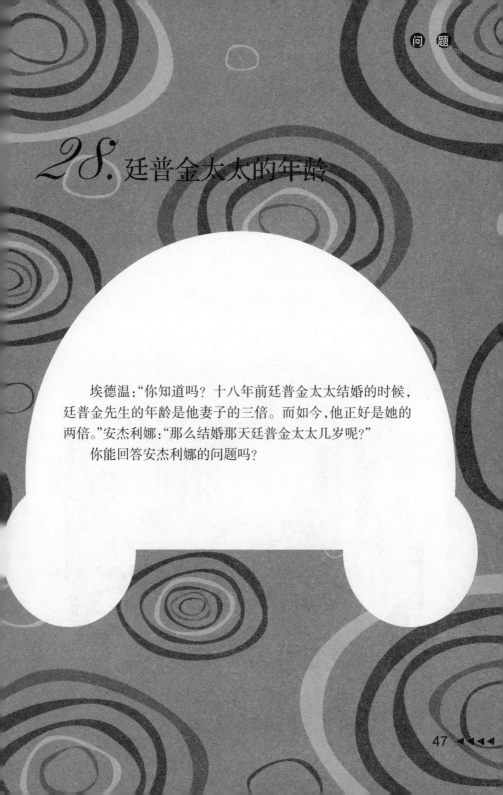

28. 廷普金太太的年龄

埃德温:"你知道吗? 十八年前廷普金太太结婚的时候,廷普金先生的年龄是他妻子的三倍。而如今,他正好是她的两倍。"安杰利娜:"那么结婚那天廷普金太太几岁呢?"

你能回答安杰利娜的问题吗?

29. 关于人口普查的趣题

　　乔金斯先生和太太一共有十五个孩子,都是隔一年半出生一个。埃达·乔金斯小姐是其中年龄最大的。她不愿意向人口普查人员说出她的年龄,但她承认她的年龄正好比小约翰尼大七倍。小约翰尼是这些孩子中年龄最小的。埃达的年龄有多大? 不要急匆匆地以为你已经解决了这道小题目。你可能会发现你犯了个愚蠢的大错!

30. 母亲与女儿

"母亲,我希望你能给我一辆自行车,"那天,一个十二岁的女孩这么说道。

"我认为你的年龄还没有足够大,我亲爱的,"这是母亲的回答,"当我的年龄只是你的三倍时,你就会有一辆的。"

现在,这位母亲的年龄是四十五岁。这位年轻的姑娘可以期望在什么时候得到母亲的礼物?

31. 玛丽与马默杜克

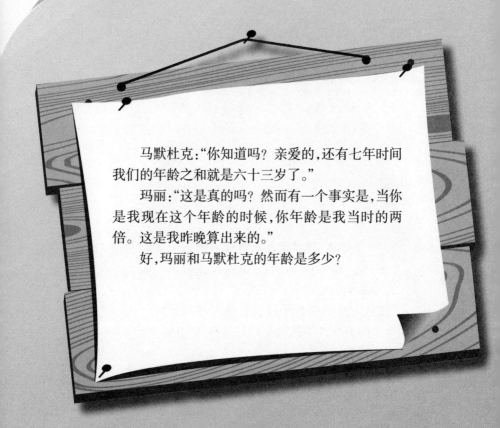

马默杜克:"你知道吗?亲爱的,还有七年时间我们的年龄之和就是六十三岁了。"

玛丽:"这是真的吗?然而有一个事实是,当你是我现在这个年龄的时候,你年龄是我当时的两倍。这是我昨晚算出来的。"

好,玛丽和马默杜克的年龄是多少?

32. 关于汤米的年龄

　　汤米·斯马特最近被送到一所新学校念书。到校的第一天,老师问他年龄是多少。下面就是他那奇特的回答。"好,你看,情况是这样的。当我出生的时候——我忘了是哪一年——我唯一的姐姐,安妮,她年龄正巧是我母亲的四分之一,而她现在的年龄是爸爸的三分之一了。""你说的都对,"老师说,"可是我要的不是你姐姐安妮的年龄,而是你自己的年龄。""我刚才正要说到这一点呢,"汤米答道,"我的年龄正好是母亲现在年龄的四分之一,而再有4年时间,我的年龄就是父亲的四分之一了。你说好玩不好玩?"

　　这就是老师能从汤米·斯马特那儿得到的所有信息了。根据这些事实,你能不能说出他的年龄到底是多少?当然,这里稍稍有点搅脑子。

33. 隔壁邻居

在图廷贝克这个地方,有两家人家门挨门住着——贾普一家和西姆金一家。贾普一家四口人的年龄加起来是一百岁,而西姆金一家人的年龄加起来也是这个数。人们发现,在每个家庭中,把每个孩子年龄的平方同母亲年龄的平方加起来得到的和,等于父亲年龄的平方。然而,在贾普这家中,朱莉娅比她弟弟乔大一岁;而索菲·西姆金比她弟弟萨米大两岁。这八个人的年龄各是多少?

34. 一袋果仁

一袋果仁,作为圣诞礼物送给了三个男孩,说好他们应当与他们的年龄成比例地分享这些果仁。他们的年龄之和是 $17\frac{1}{2}$ 岁。现在这袋子中有770颗果仁,而赫伯特每拿四颗罗伯特就拿三颗,赫伯特每拿六颗克里斯托弗就拿七颗。这道趣题是要求出各人拿了多少颗果仁,这些男孩年龄各是几岁。

53

35. 在地铁上听到的

第一位女士:"那么他是你的亲戚啰,亲爱的?"

第二位女士:"哦,是的。你看,那位绅士的母亲是我母亲的婆婆,但是他和我爸爸关系不怎么样。"

第一位女士:"哦,不见得吧!"(然而你可以看出她不是很知趣。)

这位绅士与第二位女士是什么亲戚关系呢?

36. 一次家庭派对

在某次家庭派对上,有1个爷爷,1个奶奶,2个父亲,2个母亲,4个子女,3个孙辈,1个兄弟,2个姐妹,2个儿子,2个女儿,1个公公,1个婆婆和1个媳妇。你会说,一共23个人。错了。这里只有7个人。你能不能说明怎么会有这种情况的?

37. 混合亲戚

约瑟夫·布洛格斯:"我跟不上,我亲爱的孩子。它都让我头晕目眩了!"

约翰·斯诺格斯:"这很简单。再听一遍!你是我父亲的内弟,又是我弟弟的岳父,还是我岳父的弟弟。你看,我父亲……"

但是布洛格斯先生拒绝再听下去。读者能不能说明怎么会有这种三位一体的奇特亲戚关系?

时钟趣题

看着这钟!

——《印戈耳支比家传故事集》

在考虑一些关于钟和表,以及由其指针在给定条件下所标示的时间的趣题时,应该时刻把一个特殊的约定牢记心中。经常是这样的情况,作出解答需要假设指针居然能够标示一个含有小于一秒之时段的时间。这样的一个时间,当然在实际上是无法标明的。这么说,我们的趣题是不是就不能解了? 用一个逻辑上的三段论推理出来的结论,其真实性依赖于那两个假设的前提,在数学中也是这样。某些事情事先就假设好了,而答案完全依赖于那些假设的真实性。

"如果有两匹马,"拉格朗日说道,"能够拖运一定重量的负荷,那么很自然就会假设四匹马能够拖运的重量是翻一番,六匹马能够拖运的是那重量的三倍。然而,严格地说,实际情况并非如此。因为这个论断基于这样一个假设——那四匹马的拖运量和用力方向完全相同,而这种情况在实际上几乎是不可能有的。因此,我们经常被我们的主观认定导向与现实相去甚远的结论。但是这一缺陷并非数学之缺陷,因为数学还给我们的,总是而且正是我们当初置于其中的。根据那个假定,马匹数与拖运量的比率是恒定的,结论是在那个假定的基础上得出的。如果假定不真实,那么结论势必是不真实的。”

如果一个人能用六天收割完一块田里的庄稼,那么我们说两个人将用三天就能收割完,而三个人将用两天干完这活。就像在拉格朗日的马的例子中,我们在这里假设,所有的人都有完全相同的劳动能力。但是我们再比这多假设一些。因为当三个人聚在一起时,他们可能闲聊,也可能玩闹,因而浪费了时间;或者从另一方面考虑,一种竞争的精神可能激发出他们更大的干劲。我们可以在一道题目中愿意假设什么条件就假设什么条件,只要它们能被清晰地表达出来并让人们充分理解,而答案将依据这些条件而得出。

38. 跑表

　　我们这里有一只三针跑表。秒针一分钟在表面上走一圈,它就是那根在靠中心的末端有一个小环的指针。我们的表盘上指示着表的主人摁停它时的准确时刻。你会注意到这三根指针几乎是等距的。时针和分针所指的点正好把圆周分出了三分之一,但是这秒针稍有一点儿走过了头。这三根指针要准确地做到等距是不可能的。现在,我们想知道下一次这三根指针走到相隔距离正好与图示同样是什么时刻。你能说出这时刻吗?

𝟹𝟿. 交换位置

这个钟面上,指示着4时42分稍稍不到一点。到8时23分稍稍过一点的时候,两根指针将再次指着正好同样的点。事实上,两根指针不过是交换了一下位置。从下午三时到午夜十二时这段时间内,一个钟的两根指针要交换多少次位置?在所有这些相互呈位置交换的一对对时刻中,分针最靠近点IX的时刻准确地说是什么?

40. 那时是什么时间

　　"我说,拉克布兰,现在是什么时间?"那天,一个熟人问我们的教授朋友。回答显然很奇特。

　　"如果你把中午到现在的时间的四分之一加上从现在到明天中午的时间的一半,你就会得到现在的准确时间。"

　　那天当教授说这话时是什么时间?

41. 一只伤脑筋的表

一位朋友掏出一只表说道:"我的这只表不能准确走时,我得时时看着它。我注意到这分针和时针每六十五分钟就重合一次。"这只表是快了还是慢了?每小时快多少或慢多少?

42. 三只钟

在1898年4月1日星期五这天，有三只钟精确地在同时——都是中午十二时——开始走动。到第二天中午十二时，人们发现A钟走时准确，B钟正好快了一分钟，而C钟则正好慢了一分钟。现在，假定B钟和C钟都没有被校正，而是让这三只钟像先前那样继续走下去，而且它们都保持着不变的前进速度，一刻也不停，那么到哪一天的哪个时刻这三对指针将再次同时指着十二时？

43. 俱乐部的钟

　　那天晚上,思想者俱乐部的一台大钟被发觉停了。钟停时,如你在插图上所看到的,秒针刚好处在另两根指针的正中间。一名俱乐部成员对他的几个朋友提出,他们应该说得出下一次当秒针又处在分针和时针的正中间时(假定这钟没有停)的准确时刻。你能求出发生这种情况时的正确时刻吗?

44. 火车站的钟

　　一只钟挂在一个火车站的墙上，长71英尺9英寸，高10英尺4英寸。这是那堵墙的尺寸，不是钟的尺寸！在等火车的时候，我们注意到这钟的两根指针指着相反的方向，而且平行于那堵墙的一条对角线。这时的准确时间是多少？

45. 沃普肖码头疑案

1887年1月12日清晨,下泰晤士街上人声嘈杂,一阵骚乱。原来,当沃普肖码头的一些职员赶早前来上班时,他们发现保险箱被撬开了,一笔相当可观的金钱被拿走了,办公室里一片狼藉。值夜的看守不见了,到处找也没找着,但是了解他的人没有一个对他有片刻的怀疑,这次盗窃绝不会是他干的。这个信念不久便得到了证实:这天晚些时候,老板们得到通知,这可怜家伙的尸体被水上警察打捞了起来。某些由暴力造成的标记指明了这样的事实:他受到了野蛮的攻击,被扔进了河里。在他口袋里找到了一只表,这表停了,就像在这种情况下总会发生的那样,这可是个确定暴行发生时刻的有价值的线索。但是一个愚蠢至极的警官(而在人类最为聪明的群体中,我们总会发现一两个愚蠢的个人)把表的指针转了一圈又一圈,说是要让这表再走起来,实际上是自己转着玩。当他由于这个严重的错误而被狠狠地训了一顿之后,他被问到是不是能想起这表刚发现时所指示的时间。他回答说他想不起来了,但他总算回忆起那时时针和分针正好重合,一根在另一根的上面,而秒针刚刚走过四十九秒处。除此他再也回忆不出什么了。当这看守的表停下的时候准确的时间是多少?当然,假设这是一只极其精确的表。

46. 乡下呆子

　　一个好开玩笑的人正在乡间赶一段很长的路程,突然看见一个乡下人坐在一个台阶上。由于这位绅士对自己走的路线不太有把握,因此他想他应该向当地的住户打听一下;但是初一打量,他过于性急地作出了这样一个结论:他遇到了一个乡下白痴。于是他决定测试一下这个家伙的智力,方法是首先出一个他能想到的最简单的问题来问他。这问题是:"今天是星期几呀,先生?"下面是他得到的机智回答:

　　"当后天是昨天时,今天距星期日的天数与当前天是明天时的今天距星期日的天数一样多。"

　　读者能说出那天是星期几吗? 很显然,这位乡下人并非像看上去的那样是一个呆子。而这位绅士,作为一个心中充满困惑的人,但也作为一个更有见识的人,继续赶他的路。

四

运动与速度趣题

快跑的未必能赢。

——《圣经·传道书》第9章第11节

47. 三个村庄

那天我坐一辆汽车从阿克里菲尔德出发到巴特福德去，但是由于认错了路，我走的是一条途经奇斯伯雷的道路。奇斯伯雷距离阿克里菲尔德比距离巴特福德更近一些，它位于我应该走的那条直接道路的左边12英里处。到达巴特福德后，我发觉我走了35英里。这三个村庄之间的三段距离（它们都是整数英里）是多少？我或许应该提一下，这三条道路都是笔直的。

48. 领抚恤金

　　"说到怪人,"一位在政府部门任着某个职务的绅士说,"我所知道的最奇怪的人物是一个又老又残的寡妇。她每个星期都要爬上一座山去那乡村邮局领取她的抚恤金。她以每小时一英里半的速度爬上去,又以每小时四英里半的速度返下山,这样的一个来回一共花了她正好六个小时。你们谁能告诉我从那座山的山脚到山顶有多远?"

49. 都铎的埃德温爵士

　　在这张素描插图中，我们看到都铎的埃德温爵士正要去营救他的情人，美女伊莎贝拉。她被邻近的一个坏贵族劫持。埃德温爵士计算了一下，如果他以每小时15英里的速度骑行，他将提前一个小时过早地到达那座城堡，而如果他以每小时10英里的速度骑行，他将落后正好一个小时而过晚地到达那儿。现在，头等重要的事情是，他应该按指定的时间准时到达，以保证他所计划的营救行动获得成功，而约好的时间是五时，那个时候这位被劫持的姑娘将正好在用她的下午茶。这道趣题是要准确地求出都铎的埃德温爵士跑的路得有多远。

50. 赛驴

　　有一次到海边旅游的时候,汤米和伊万杰琳一定要在沙滩上进行一次一英里的骑驴比赛。多布森先生和他在海滩上遇到的几个朋友就做裁判。但是,由于驴子们是老相识,一路上始终不愿分离,结果不可避免地发生了同时到达终点而不分胜负的情况。不过,守在赛道上各点(每隔四分之一英里设一个点)的裁判注意到了以下的结果:走前四分之三英里用了六又四分之三分钟,前半英里所用的时间与后半英里相同,而第三个四分之一英里所用的时间与最后一个四分之一英里正好相同。根据这些结果,多布森先生十分得意地求出了这两头驴子走完这一英里所用的时间。你能给出答案吗?

51. 捡马铃薯

　　一个人有一个篮子,里面盛着五十个马铃薯。他向他的儿子提议,作为一个小游戏,请他把这些马铃薯放到地上排成一直线。第一个和第二个马铃薯之间的距离要求是一码,第二个和第三个之间是三码,第三个和第四个之间是五码,第四个和第五个之间是七码,如此等等——每放一个马铃薯就增加二码。然后又要这孩子把它们捡回来,一次捡一个,放进那篮子里,而篮子就放在第一个马铃薯的旁边。这孩子要完成把所有马铃薯都捡回来这一壮举,必须要跑多长的路? 我们不考虑放这些马铃薯所跑的路程,因此是当所有马铃薯都放好后从他由篮子那儿出发算起。

五

数码趣题

九大名人便是他们的称号。

——德莱顿：《花与叶》(The Flower and the Leaf)

我让这些关于那九个数码的趣题自成一类，是因为我一直认为平时对它们考虑不够，它们应该得到更多的考虑。这些题目中所涉及的定律，看来很少被人们普遍知晓，只有"舍九法"技巧除外。然而，了解这些数码的一些性质是很有用的，这通常会使我们掌握一些验算方法，这些方法在节省工作量方面具有真正的价值。我仅举一例——它最先跳进我脑海。

如果我们要求一位读者判断 15 763 530 163 289 是不是平方数，他该从何处着手呢？如果这个数的最后一位数码是 2、3、7 或 8，那么他当然会知道它不可能是平方数。但是，在这个数的表现形式上没有什么东西可以否定它是一个平方数。我猜测在这种情况下,他会叹上一口气或发出一声抱怨,着手进行开方运算这种艰辛的劳动去了。然而,如果他曾经对数的数码性质研究有过一小点儿注意,他就会用下面这种简单的方法解决这个问题。这个数的各位数码之和是59,59的各位数码之和是14,14的各位数码之和是5(我称之为"数码根"①),因此我知道这个数不可能是平方数,而且就是根据这个理由。平方数从1开始顺序排下去,它们的数码根总是1、4、7或9,而不可能是其他什么东西。事实上,平方数序列的数码根序列是序列1,4,9,7,7,9,4,1,9的不断重复,直至无穷。同样,三角形数(即可表示为 $\frac{n+n^2}{2}$ 形式的数)的数码根序列是1,3,6,1,6,3,1,9,9的不断重复。于是,我们这儿有了一个类似的否定检验:如果一个数的数码根是2、4、5、7或8,那么它不可能是一个三角形数。

---

① 其实,一个正整数 a 的数码根 b 就是这个数被9除所得的余数,用数论中的同余式表示,就是 $a \equiv b \pmod 9$,其中 $0 \leqslant b < 9$。——译者注

52. 数码与方阵

　　在图中可见，我们把那九个数码安排在一个方阵中，使得方阵第二行数码拼成的数是第一行数码拼成的数的两倍，而且底行拼成的数是顶行拼成的数的三倍。还有三种安排数码的方法，可以产生同样的结果。你能把它们找出来吗？

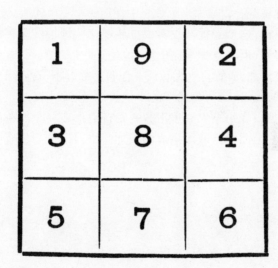

53. 锁柜趣题

　　有一个人,在他的办公室里有三个大橱,每个大橱有九个锁柜,如图所示。他吩咐他的办事员,在大橱 A 的每个锁柜上各放一个不同的一位数,而且对大橱 B,以及对大橱 C,都如此办理。由于我们这里允许称 0 是一个数码,也没人禁止办事员把 0 用作一个数码,因此他在为每个大橱放置数码时显然有权从那十个数码中任选一个不予使用。

　　现在,这个老板并没有说过要把这些锁柜按某种数字顺序编号,但当这件事完成后,他还是吃惊地发现,这些数码全被打乱,放置得毫无章法。他叫来那办事员,要求给出一个解释。这个行为怪怪的小伙子说道,他当时起了这样一个念头,在每个大橱上把数码安排得形成一个简单的加法直式,上面两行数码拼成的数加起来得出位于最底下一

行的和。但是最令人称奇的一点是,他把它们安排得大橱
A上的加法给出了最小的和,大橱 C 上的加法给出了最大
的和,而且三个和中的九个数码各不相同。这道趣题是要
求表明这件事怎样才能做成。不允许使用循环小数, 0 也
不可以出现在百位上。

54. 出租车号码

　　一天夜晚，伦敦的一名警察看见两辆出租车形迹可疑，但它们朝着相反的方向开走了。这位警官是个特别细心警觉的人，于是他拿出袖珍笔记本，要记下出租车的号码，但是他发现他的钢笔丢了。不过幸运的是，他找到了一小段粉笔，于是他用粉笔把这两个号码记在附近一座码头的仓库大门上。当他巡逻了一圈回到同一地点时，他停住脚又对这两个数看了一下，他注意到这样一个奇特的现象：所有九个数码（不包括0）都用上了，而且没有一个数码重复，但是如果把这两个数乘起来，它们还是产生这九个数码，每个数码用到一次，而且仅用到一次。当清晨一名职员来码头上班时，他看到了这粉笔记录，于是把它们仔细地擦了个干净。由于那位警察记不起它们是什么号码了，因此就请教某几位数学家，问是不是有什么已知的方法可以找到具有他所注意到的奇特性的所有数对；但是他们什么也不知道。不过，这项研究倒是很有趣，于是我们从众多的问题中选出下面这个问题：怎样的两个数，一共包含了所有九个数码,当把它们乘起来时,将产生另一个也包含了这九个数码的(最大)数? 0在任何地方都不允许用到。

55. 九枚筹码

我们有九枚筹码，每枚筹码上各写有1、2、3、4、5、6、7、8、9这九个数码中的一个。我把它们在桌子上摆成两组，如上图所示，使得它们形成两个乘法直式，而且它们给出相同的积。你会发现，158乘以23等于3634，而79乘以46也等于3634。现在，我提出的这道趣题是要求重新摆放这些筹码，使得算出的积尽可能地大。怎样用最好的方式来摆放它们？记住，两组数码必须乘出同样的结果，而且必须一组是三个筹码乘以两个筹码，另一组是两个筹码乘以两个筹码，就像现在这种情况。

56. 一桶啤酒

　　一个人买了几桶葡萄酒和一桶啤酒。这些酒桶中的酒有多有少，它们都显示在插图中，酒桶上标记的是桶中所装酒的加仑数。他把一定量的葡萄酒卖给了一个人，又把两倍于这个量的葡萄酒卖给了另一个人，仅把那桶啤酒留给了自己。这道趣题是要你指出那个酒桶装的是啤酒。你能说出是哪一个吗？当然，这个人是整桶买进整桶卖出，对桶中所装的东西没有做过任何动作。

57. 关于一百的趣题

你能不能把那九个数码各用上一次且仅一次，把100写成一个带分数的形式？已故法国杰出数学家卢卡[1]找到了七种能做到这一点的不同方式，并对还有其他方式的可能性表示了怀疑。事实上，恰有十一种方式，就这些了。其中有一种是 $91\dfrac{5742}{638}$。其余方式中，有九种也是整数部分有两位数码，但第十一种的整数部分仅一位数码。读者能不能找出这最后一种？

---

① 爱德华·卢卡(Edouard Lucas, 1842—1891)，法国数学家，擅长数论和数学游戏，以判定素性的卢卡判据而闻名。——译者注

58. 进一步的带分数问题

我首次发表我对上题的解答时，不由自主地试图用包含那九个数码的带分数来依次表示100以下的所有正整数。这里有12个数，供读者一试身手：13、14、15、16、18、20、27、36、40、69、72、94。在每种情况中，那九个数码均用到一次，且仅一次。

59. 四个七

　　在插图中,我们看到拉克布兰教授正在讲解那种小难题中的一道。他习惯于用这种方式让他班上的学生感到快乐。他相信,促使他的学生们打破常规思路,他就能更好地保证他们的注意力,启发原创而巧妙的思想方法。瞧,他刚刚演示了怎样把四个5加上一些简单的算术符号写下来以表示100。每一位青少年读者一眼就可以看出,他的例子正确无误。现在,他要你们做的事是:将四个7(不多也不少)加上算术符号进行拼排,使得它们运算下来等于100。如果他说的是要用四个9,那么我们会立刻写下 $99\frac{9}{9}$,但是用四个7却需要相当的机智。你能发现其中的小花招吗[①]?

---

　　① 请读者注意西方的小数记法与中国的稍有不同。——译者注

60. 神秘的十一

你能不能找出含有十个数码(将0也称为数码)中的九个,且能被11整除而不留下余数的最大数?你能不能找出用同样方法构成的、且能被11整除的最小的数?这里有一个例子,其中没有用到的数码是5:896 743 012。这个数含有那些数码中的九个,且能被11整除,但它不是我们所要求的最大数或最小数。

61. 数码构成一百

1 2 3 4 5 6 7 8 9 = 100

现要求在这九个数字之间放上算术符号，使得它们运算下来等于100①。当然，你不能改变这些数字目前这种按数值大小排列的状态。你能不能给出一个正确的解答，而且用了(1)最少的符号，以及(2)最少的笔画？也就是说，必须尽可能少地使用符号，而且这些符号要有最简单的形式。例如，加法和乘法的符号(+和×)算作两画，减法的符号(−)是一画，而除法的符号(÷)是三画，等等。

---

① 根据后面的答案，也可以在某些空档内不放符号，从而把相邻的数码拼起来作为一个多位数。——译者注

62. 小丑的趣题

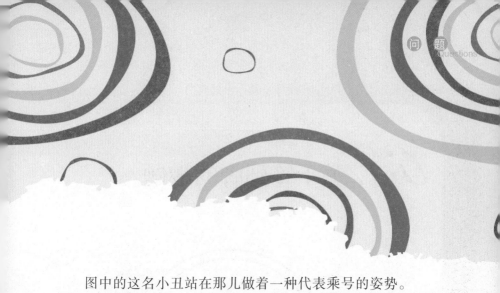

　　图中的这名小丑站在那儿做着一种代表乘号的姿势。他是在指明这样一个奇特的事实：15乘以93，结果产生了恰恰同样的数码（1395），只是排列顺序不同。这道趣题是要你凭你喜欢任取四个数码（各不相同），并且同样摆放它们，使得在小丑一边形成的数乘以在小丑另一边形成的数时，将产生同样这些数码。做成这件事的方式非常少，我将给出所有合适的情形。你能把它们都找出来吗？你可以在小丑的每一边各放两个数码，正如我们的例子所示，也可以在一边放一个数码而在另一边放三个数码。如果我们只用到三个数码而不是四个数码，那么合适的方式只有：3乘以51等于153，6乘以21等于126。

63. 关于签到牌的趣题

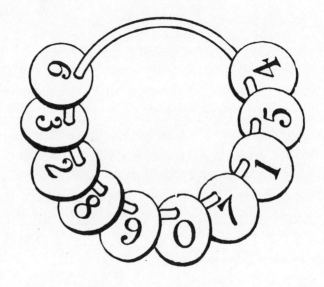

　　每当什么地方有一批工人被一个建筑工地录用时，总要按惯例给每个工人发一块小圆牌，上面写着这工人的工号。当工人们前来上班时，就要把这些牌子挂在一块大木板上，作为核查是否准时上班的签到牌。好，我有一次注意到，一个工头从木板上拿走了一些签到牌，把它们串在一个钥匙圈上,放进他口袋里。这立即给了我构作一道好趣题的灵感。事实上,我要向我的读者吐露,构作趣题的灵感就是这样发生的。你不可能真正创造一个灵感:它是偶然发生的——而你必须保持警觉,在它就是这么发生的时候抓住它。

从插图可见,一个钥匙圈上串着十块这样的签到牌,号码是从1到9,以及0。这道趣题是要求在任何一块牌子都不能取离钥匙圈的条件下把它们分为三组,使得第一组拼成的数乘以第二组拼成的数等于第三组拼成的数。举例来说,我们可以把它们分成这样三组:2—8907—15463,方法是把6和3沿钥匙圈挪到4那头,但很不幸,前两组乘起来不能得出第三组。你能不能对它们做一个符合要求的划分呢?当然,在任何一组中,签到牌你喜欢有多少就可以有多少。这道趣题需要某种超常的智力,除非你有瞎蒙蒙对的运气。

64. 骰子上的数

　　我有一副骰子,共四只。上面的标记不是通常所用的点子,而是阿拉伯数字,如图所示。当然,每只骰子上都是1到6这六个数字。把这四只骰子放在一起,可以拼成许许多多不同的数。图中它们就拼成了1246这个数。现在,如果我把所有可用这些骰子拼成的不同四位数都摆出来(在任何一个数中,同样的数字不能放上一个以上),它们加起来等于多少? 你可以把6倒过来,让它表示9。我不是要求或者说我不是期望读者竭尽全力列出所有这些数,然后把它们加起来。人生有限,不要如此浪费能量。你能用其他方法得到答案吗?

六

五花八门的算术和代数问题

丰富多彩是生活的真正香料，
它散发着它所有的芬芳。

——柯珀①:《任务》(Task)

___

① 威廉·珂珀(William Cowper,1731—1800),英国诗人。其诗赞美乡村生活和自然风光,诗风朴素平易。——译者注

65. 工人的趣题

拉克布兰教授在一次闲逛时,偶然遇到一个人在挖一个深洞。

"早晨好,"他说,"这洞有多深?"

"猜一下,"这工人回答,"我的身高恰好是5英尺10英寸。"

"你准备还要挖多深?"教授说。

"我还要挖现在的两倍深,"他回答,"到那时,我的头低于地面的距离是现在它高出地面的距离的两倍。"

拉克布兰现在问你能不能说出这洞挖好后有多深。

66. 干草捆

农场主托普金斯有五捆干草。在把它们交给一位客户之前,他吩咐手下霍奇称一称它们的重量。这个愚蠢的家伙却用了所有可能的组合方式把它们两捆一称,然后他告诉主人称出的重量以磅为单位分别是:110、112、113、114、115、116、117、118、120 和121。现在,农场主托普金斯应该怎样根据这些数字算出这五捆干草的每一捆单独重多少? 读者可能首先想到,他应该知道"哪两捆是哪两捆",或者诸如此类的信息,不过这完全是不必要的。你能正确地分别给出这五捆干草的重量吗?

67. 桌子上的点子

　　最近,有一名男孩从学校回到家中,想给他的父亲展示一下他的大器早成。如图所示,他把一张大圆桌推到房间的角落,使它靠住角落两边的墙。然后他指着桌子远端边上的一个墨水点。

　　"这里有一道难题让你解,爸爸,"这年轻人说,"这个点到一面墙的距离正好是八英寸,而到另一面墙是九英寸。你能不能不用测量就告诉我这桌子的直径?"

　　我无意中听到这孩子对一个朋友说,"这道题把我老爸彻底打败了。"但据说他父亲对伦敦城的一个老熟人说,他用心算在一分钟内就把这事解决了。我一直想知道哪一种说法符合事实。

68. 格宾斯先生如坠五里雾

　　格宾斯先生是一位勤勉的商人。有一天伦敦大雾,给他带来诸多不便。电灯正好也坏了,他不得不用两支蜡烛勉力工作。他的账房先生向他保证,虽然这两支蜡烛长度一样,但一支可点四小时,另一支可点五小时。他工作了一段时间后,就把蜡烛熄了,因为大雾散了。这时他注意到,残留下来的蜡烛,一支的长度正好是另一支的四倍。

　　喜欢好趣题的格宾斯先生那天晚上回家后,自言自语地说,"今天这两支蜡烛点了多长时间,这当然是可以算出来的。我来试试看。"但是他很快就发现自己如坠五里雾,那雾比真正的雾还要浓。你能帮他摆脱困境吗?这两支蜡烛点了多长时间?

69. 糊涂城的选举

在糊涂城的上一次议会选举中，共计投出有效票5473张。自由党以多于保守党18票、多于独立党146票、多于社会党575票的优势而当选。你能不能给出一个简单的算法来算出各竞选党获得了多少选票？

70. 抓贼

　　"好吧,警察先生,"被告的律师在对证人进行反诘问时说,"你说当你开始追捕这名刑事被告的时候,他正好从你那儿跑出了二十七步?"

　　"是的,先生。"

　　"而且你肯定地说他每跑八步你只跑五步?"

　　"正是如此。"

　　"那么警察先生,如果是这种情况的话,我要求你,作为一个有智力正常的人,解释一下你怎么会抓到他的。"

　　"行,你听好了。我的步子较长。事实上,我跑两步的距离等于这被告跑五步的距离。如果你用心算一下,你会算出我跑到我抓住他的地方需要多少步。"

　　这时陪审团团长要求给他们几分钟时间,以算出这警察所跑的步数。你是不是也能说出这警察抓住窃贼需要跑多少步?

71. 漆灯杆

蒂姆·墨菲和帕特·多诺万被当地行政部门雇用,去某条马路油漆路灯杆。蒂姆习惯早起,他首先到达工作地点干了起来。当他在马路南边漆好三根灯杆的时候,帕特出现了。他指出按承包合同蒂姆应该漆马路北边的灯杆。因此蒂姆只好到马路北边从头干起,而帕特在南边接手干下去。帕特把他这边的活儿干完后,就过马路帮蒂姆漆了六根灯杆,于是这项工作全部完成。由于这条马路两边的灯杆数目相同,因此问题很简单:谁漆的灯杆多?多几根?

72. 妇女参政主义者的会议

在妇女参政主义者最近召开的一次秘密会议上，发生了严重的观点分歧，结果导致了这一团体的分裂，只有一部分人留了下来。"我刚才是半想走半想留，"女主席说，"如果我走了，那么我们这个团体当中三分之二的人都退出了。""不错，"另一名成员说，"如果我刚才能说服我的朋友怀尔德太太和克里斯廷·阿姆斯特朗留下来，那么我们只失去一半人马。"你能说出这会议刚开始时有多少人出席吗？

73. 闰年女士①

在上一个闰年中,闰年女士们不失时机地行使了向男性求婚的权利。如果我从一个秘密渠道得到的数字是正确的话,那么下面的叙述描绘了这件事在我国的情况。

有许多女士提出了求婚,她们每人都是提出一次,其中 $\frac{1}{8}$ 是寡妇(widow)。结果,有不少男子结了婚,其中有 $\frac{1}{11}$ 是鳏夫(widower)。在向鳏夫提出的求婚中,有 $\frac{1}{5}$ 遭到拒绝。所有寡妇的求婚都被接受。$\frac{35}{44}$ 的寡妇嫁给了单身汉(bachelor)。1221 名独身女子(spinster)的求婚被单身汉所拒绝。被单身汉接受的独身女子的人数是被单身汉接受的寡妇的 7 倍。这些就是我所得到的全部详情。现在问你,有多少女士提出了求婚②?

---

① 西方习俗,只有在闰年,女性才可向男性求婚。在闰年求婚的女性被称为"闰年女士"。——译者注
② 这道题目的难点在于其中某些指称用词的界定,故特将有关的英文原文附上,供读者参考。——译者注

74. 隐修院院长的趣题

　　第一位青史留名的英格兰趣题家是一名约克郡人——不是别人，就是坎特伯雷隐修院的院长阿尔昆①。这里是从他著作中摘录的一道小趣题，至少它的古董性也可让我们感到有趣。"假如有 100 蒲式耳的谷子要分配给 100 个人，分配方式是：每个男人分得 3 蒲式耳，每个女人 2 蒲式耳，每个儿童半蒲式耳。这里有多少个男人，多少个女人，多少个儿童？"

　　好了，如果我们不算女人人数为零的情况，那么一共有六个不同的解答。但是让我们加一个条件：女人的人数正好是男人的五倍。那么正确解答是什么呢？

---

　　①阿尔昆(Alcuin，约 735—804)，英国学者和教育家，著名僧侣。——译者注

75. 割麦子

　　一名农夫有一块正方形的麦田。麦子全部熟了,正等收割,但是他缺人手,于是经商定,这个活儿由他和他的儿子一人干一半。农夫首先沿着这正方形的四周割了一杆宽的一圈,这样就留下麦田中央一块小正方形地上的麦子没有割。"现在,"他对他儿子说,"我已经割完了这块地上我的那一半,你可以干你的那份活了。"儿子对这个活儿如此划分不是十分满意,这时村上的小学校长正好路过,他就请这位校长过来主持公道。校长发现,如果对这块麦田的尺寸没什么争议的话,农夫的做法是再正确不过的了,这样,他们便达成了一致。你能不能说出这块麦田的面积,就像这位足智多谋、做事卓有成效的校长那样?

76. 排字工人的错误

一名排字工人在排一篇文章时，他应该排出 $5^4 \cdot 2^3$，这当然是指5的4次方（625）乘以2的立方（8），结果是5000。但是他却排成了5423，这就不对了。你能不能以所示的样子摆出四个数字，使得不管这位排字工人是排对了还是犯了同样错误，结果都是正确的？

77. 正面与反面

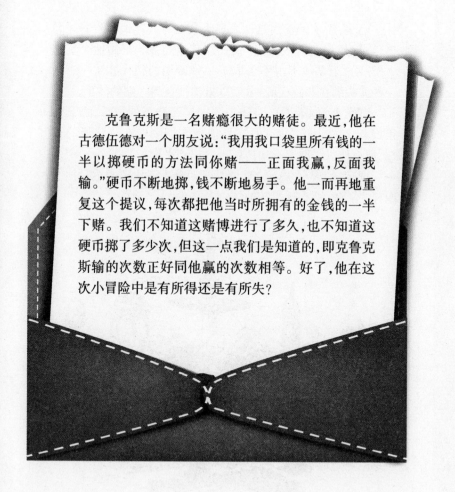

克鲁克斯是一名赌瘾很大的赌徒。最近,他在古德伍德对一个朋友说:"我用我口袋里所有钱的一半以掷硬币的方法同你赌——正面我赢,反面我输。"硬币不断地掷,钱不断地易手。他一而再地重复这个提议,每次都把他当时所拥有的金钱的一半下赌。我们不知道这赌博进行了多久,也不知道这硬币掷了多少次,但这一点我们是知道的,即克鲁克斯输的次数正好同他赢的次数相等。好了,他在这次小冒险中是有所得还是有所失?

78. 跷跷板趣题

确实,需求是发明之母。那天我饶有兴趣地观察着一名男孩,他想玩跷跷板,但又找不到其他的孩子来同他合玩这个游戏。于是他不得不采取了一种聪明的替代办法——把一些砖头绑在跷跷板的一端,以抵消他在另一端的体重。

事实上,如果把这些砖头固定在跷跷板的短端,那么他正好与十六块砖平衡;但如果他把它们固定在跷跷板的长端,那么他只需要十一块砖就可以达到平衡。

现在,如果一块砖的重量等于四分之三块砖的重量加上四分之三磅,那么这男孩的体重是多少?

79. 拉克布兰的小损失

　　拉克布兰教授正同他的老朋友波茨先生和波茨太太一起度过傍晚,他们在玩一种纸牌游戏(他没有说是什么游戏)。教授输了第一盘,结果把波茨先生和波茨太太放到桌子上的钱都翻了个倍。第二盘波茨太太输了,结果把她丈夫和教授当时所拥有的钱翻了个倍。真是离奇得很,第三盘的输家是波茨先生,而且结果也是把他太太和教授当时所拥有的钱翻了个倍。这时人们发现,他们每个人正好具有同样数目的金钱,只是教授在玩牌的过程中输了五先令。现在,这位教授问,他在桌子边坐下来准备玩牌时一共有多少钱? 你能告诉他吗?

80. 一笔伤脑筋的遗产

一个人留下了一百英亩的土地，要分别以三分之一、四分之一和五分之一的比例分给他的三个儿子——艾尔弗雷德、本杰明和查尔斯。但是查尔斯死了。怎样把这土地公正地分给艾尔弗雷德和本杰明呢？

81. 一个法律上的困难

"我的一位客户,"一名律师说,"就要去世的时候,他的妻子正要给他生一个孩子。他立下遗嘱,其中他把遗产的三分之二给他的儿子(如果正好是生个儿子的话),三分之一给这位母亲。但如果生出的孩子是女孩,那么遗产的三分之二给母亲,三分之一给这个女儿。事实上,在他死后,一对双胞胎出生了—— 一个男孩,一个女孩。于是一个非常微妙的问题产生了。把这笔遗产在这三个人中间怎样公正地分配,才最符合死者遗嘱的精神?

82. 农夫与他的绵羊

农夫朗莫尔对算术有着一种奇特的爱好,因此在他生活的家乡被人们称为"数学农夫"。新来的牧师并不知道这件事。有一天他在那条乡间小路上遇到了这位不可小觑的堂区居民,并进行了一次简短的谈话。在谈话过程中,牧师问道:"现在,你一共有多少只绵羊?"于是他领受到朗莫尔的回答所产生的巨大震撼力了。这回答是这样的:"你可以把我的绵羊分成数量不同的两部分,使得这两部分绵羊数量之差与它们的平方差是一回事。牧师先生,或许你很愿意亲自把这个不大的总数算出来。"

读者能不能说出这位农夫到底拥有多少只绵羊?假定他只有二十只绵羊,而且他把它们分为 12 只和 8 只这两部分。那么 12 与 8 的差是 4,但它们的平方(144 和 64)之差是80。于是这不行,因为 4 和 80 当然不是一回事。如果你能找到算出来正确的数,你就会知道农夫朗莫尔到底拥有多少只绵羊了。

83. 石匠的问题

　　有一位石匠,一度拥有大量的立方体石块,都放在他的场院上,尺寸全都一样。这位石匠有一些稀奇古怪的小癖好,他的古怪念头之一就是把这些石块垛成一个个的立方体堆,而且任意两堆的石块数目都不相同。他独自发现了一个事实(这个事实对数学家来说是熟知的):如果他从只有一块立方体石块的那堆开始,按常规顺序取任意多个石堆,那么他总可以把这些石堆中的所有石块在地上铺成一个标准的正方形。对读者来说,这将是很显然的,因为一块石块的1是个平方数,1+8=9是个平方数,1+8+27=36是个平方数,1+8+27+64=100是个平方数,等等。事实上,只要从1开始,任意多个相继立方数的和总是一个平方数。

　　有一天,一位绅士走进了这石匠的场院,并答应给他一个好价钱,如果他能从这些立方体石堆中选出一些尺寸相继的石堆提供给他,而且其中所包含的全部石块可铺开来形成一个正方形的话。不过,这位买家坚决要求有三堆以上的石块,而且他拒绝接受只有一块石块的那堆,因为那石块上有道裂痕。这位石匠最少要提供多少块石块?

84. 简单的乘法

如果我们把六张卡片以1、2、4、5、7、8编号,并把它们按如下顺序排列在桌子上:

1 4 2 8 5 7

我们就可以演示:要把它乘以3,只要把1移到这排数字的另一头,这件事情就完成了。答案是428 571。你能不能找出一个数来,当把它乘以3再除以2时,其结果就相当于把第一张卡片(在这种情况下它将代表3)从这排数字的开头移到末尾呢?

85. 雕塑家的问题

一位古代的雕塑家受委托制作了两座雕像,每座雕像都配有一个立方体的垫座。我们关心的就是这两个垫座。如插图所示,它们大小不等。到了付酬的那一天,关于付酬协议是基于长度量度单位还是基于体积量度单位,双方发生了争执。但是当他们着手测量了这两个垫座后,事情马上就解决了。因为真是稀奇得很,其长度的英尺数正好是其体积的立方英尺数。这道趣题就是要求找出具有这种奇特性质的两个垫座的尺寸,数字要尽可能小。你看,如果这两个垫座的边长,比方说量出来分别是3英尺和1英尺,那么它们在长度上就是4英尺,而体积是28立方英尺,它们在数值上不相等,所以这些尺寸不行。

86. 苏丹的军队

　　某位苏丹希望派一支可用十二种不同方式排成两个标准方阵的军队投入战斗。组成这支军队的人员至少有多少？为了让新手明白，我解释一下：如果有130人，那么他们只能以两种不同的方式排成两个方阵——81和49，或121和9。当然，每次都得用上所有的人。

87. 学校的礼节

　　某一所男女同校的学校，在反复教育学生要彬彬有礼方面可说独树一帜。在每天早晨的校会上，他们有一种奇特的规矩。这里女生的人数是男生的两倍。每个女生要对每个其他的女生、每个男生，以及那位教师①鞠一个躬。每个男生要对每个其他的男生、每个女生，以及那位教师鞠一个躬。在这所模范学校，每天早晨总共要鞠九百个躬。好了，你能不能准确地说出这所学校里有多少个男生？如果你不是很仔细的话，你很可能会计算出一个很大的数。

---

　　① 这所学校只有一位教师。——译者注

$88.$ 星期六的购物

　　这儿是一个关于购物的有趣小案例。它虽然说到了许多钱项,但却通向一种性质完全不同的问题。最近的一个星期六晚上,四对小夫妻去他们社区买点儿东西。他们不得不十分节俭,因为他们总共只有四十枚一先令的硬币。后来的情况是,安妮花了1先令,玛丽花了2先令,简花了3先令,而凯特花了4先令。男人们比他们的妻子要奢侈,因为内德·史密斯的花费同他妻子一样,汤姆·布朗的花费是他妻子的两倍,比尔·琼斯则是他妻子的三倍,而杰克·鲁滨逊是他妻子的四倍。在回家的路上,有人提出应该把余下的硬币在他们中间平分掉。于是他们就这样平分了。这个令人费解的问题就是:各位女士的姓是什么? 你能把这四对小夫妻配出来吗?

89. 炮兵的困境

"所有的炮弹都要堆成一个个正四棱锥。"这是发送到团部的命令。执行完毕。又来了一道命令:"所有这些棱锥形炮弹堆中的炮弹数目都要是平方数。"于是麻烦来了。"这不可能做到,"少校说,"例如,瞧这堆炮弹。它最底下一层有十六颗炮弹,往上是九颗,再往上是四颗,最后是顶上的一颗,一共三十颗炮弹。必须再有六颗,或者拿去五颗,才能形成一个平方数。""命令必须执行,"将军坚决地说,"你要做的事就是把数目恰当的炮弹放进你那些四棱锥。""我有主意了!"一名中尉说,他是这个团的数学天才,"把这些炮弹一个个都摊在地上。""胡扯!"将军大叫,"不许用一颗炮弹堆成一个四棱锥!"是不是真的能同时执行所有这些命令?

90. 撕开的数

有一天，我拿到了一张标签，上面用大号字体写着3025这个数。这张标签不幸被撕成两半，30在这一半纸片上，25在另一半纸片上，如插图所示。我看着这些纸片，开始做起计算来，但我几乎没意识到我在做什么，这时我发现了这件小怪事。我把30和25加起来，然后将加得的和平方，结果我们得到了与标签上原来一模一样的数！具体地说，30加上25等于55，55乘以55等于3025。很奇特，是不是？现在，这道趣题就是：找出其他的由四个各不相同的数字组成的数，把它从中间分开后可导致同样的结果。

答
案

Answers

★答案 1

　　这位年轻的小姐提供了5枚两便士邮票、30枚一便士邮票和8枚两便士半邮票。这一方案正好满足条件,而且总价是五先令。

★答案 2

　　杰克斯一定是带了7头牲口到市场来,霍奇一定带了11头,而达兰特一定带了21头。这样一共就有39头牲口。

★答案 3

　　香蕉的价格一定是每根一便士一法寻。这样,960根香蕉的价钱是5英镑,而480枚六便士硬币可买2304根香蕉。

★答案 4

　　鞋匠们花了35先令,裁缝们也花了35先令,制帽匠们花了42先令,而手套匠们花了21先令。这样,他们总共花了6英镑13先令。而且可以发现,5个鞋匠的花费相当于4个裁缝的花费,12个裁缝的花费相当于9个制帽匠的花费,6个制帽匠的花费相当于8个制手套匠的花费。

★答案 5

　　这类趣题在老书上一般是用单调乏味的"倒推法"解决的。但是有如下这样一个简单的一般性解答:如果有n个人玩游戏,那么在游戏结束时每人拥有的金额将是$m(2^n)$,最后一局的赢家一开始一定拥有金额$m(n+1)$,倒数第二局的赢家一定拥有$m(2n+1)$,倒数第三局的赢家则是$m(4n+1)$,接下来是$m(8n+1)$,依此类推,直到第一局的赢家,他一定拥有$m(2^{n-1}n+1)$。

　　这样,在我们这个情况中,$n=7$,游戏结束时每人拥有的金额是2^7法寻。因此$m=1$,从而格杰恩一开始有8法寻,弗朗西斯15法寻,爱德华29

法寻,多布森57法寻,卡特113法寻,贝克225法寻,亚当斯449法寻。

★答案 6

这笔钱可以用七种不同的样式进行布施:5个女人和19个男人,10个女人和16个男人,15个女人和13个男人,20个女人和10个男人,25个女人和7个男人,30个女人和4个男人,35个女人和1个男人。但最后一种情况不能算进,因为条件是"给男人们",而单单一个男人不是男人们。因此答案是六年。

★答案 7

这位寡妇分得的遗产一定是205英镑2先令6便士再加上一便士的 $\frac{10}{13}$ 。

★答案 8

这位绅士开始回家时口袋里一定有3先令6便士。

★答案 9

这个人买进这两架飞机时一定是分别付了500英镑和750英镑,一共1250英镑;但是由于他把它们只卖了1200英镑,因此这笔买卖他亏了50英镑。

★答案 10

乔金斯口袋里最初有19英镑18先令,后来花掉了9英镑19先令。

★答案 11

一起大吃大喝的一共有十名自行车手。他们应该每人付8先令;然

而,由于其中两人溜之大吉,余下的八人每人要付10先令。

★答案 12

　　这道趣题很容易,当然,它的答案可以通过尝试的方法毫无困难地得到。也就是说,从一百万美元中减去其中所包含的7的最大幂,然后在余下的部分中减去次大的幂,如此等等。不过,这道小题目是用来说明一种简单的直接方法的。把1 000 000转换成七进位制,马上就能给出题目的答案,而关于进位制记数法这个主题,我打算写一些话,以让那些在这方面从未有过充分考虑的人们有所裨益。

　　我们记数的方法是一种被完美化了的算术速记法,是一种设计得使我们能尽量既迅速又正确地用符号对数进行操作的系统方法。如果我们写下2341这个数,以代表两千三百四十一美元,那么我们在其中想要包含的意思是:1美元,加上10美元的四倍,加上100美元的三倍,加上1000美元的两倍。从右端的个位数开始,左边的每个数码都被认为是代表10的某次幂的一个倍数,至于是10的多少次幂,则由这个数码所在的位置指明。同时为避免混淆,在必要时得插进一个零(0),因为我们如果用27来代替207,那显然会导致误解。这样,我们就只需要十个数码,因为一个数一旦超过9,我们就在左边放上第二个数码,而一旦超过99,我们就在左边再放上第三个数码,如此等等。我们将看到,这纯粹是一种武断的方法。它以十进位制记数法出现,是因为这个系统方法无疑来自这样一个事实:我们那些发明它的祖先们都习惯于用他们所具有的十根手指来计数,就像我们现在的孩子那样。对我们来说,通常没有必要声明我们是在使用十进位制,因为这在日常生活事务中一直是公认的。

　　但是,如果一个人说他有着用七进位制记数法表示的6553美元,你会发现这笔金额同我们通常用十进位制表示的2341美元完全是一回事。他没有用10的幂,而是用7的幂,这样他就永远也不需要任何大于6的数码,而6553事实上代表(在通常的记数法下):3加上7的五倍,加上

49的五倍,加上343的六倍,即2341。要把这个操作逆转过来,或者说要把2341从十进位制转换成七进位制,我们把它除以7,得到334以及余数3;再把334除以7,得到47和余数5;如此不断地除以7,只要有东西可除。把余数按倒过来的顺序读出来,6、5、5、3,就给了我们答案,6553。

好了,就像我说过的,只要把1 000 000美元转换成七进位制,我们的趣题马上就可以解决。不断地用7去除这个数,直到没有什么东西留下来让你除,而你将发现,把余数排列起来是11 333 311,这就是1 000 000的七进位制表示。因此,1美元的馈赠1份,7美元的馈赠1份,49美元的馈赠3份,343美元的馈赠3份,2401美元的馈赠3份,16 807美元的馈赠3份,117 649美元的馈赠1份,以及823 543美元的馈赠1份(真是一份厚礼),这就圆满地解决了我们的问题,而且这是唯一合适的答案。于是我们看到,没有必要进行什么"尝试",通过转换成七进位制,我们直接得到了答案。

★答案 13

这道趣题的正确答案如下:约翰在他的储蓄盒里放的是双弗罗林两枚(8先令),威廉放的是半沙弗林一枚和弗罗林一枚(共12先令),查尔斯放的是克朗一枚(5先令),而托马斯放的则是沙弗林一枚(20先令)。一共是六枚硬币,总面值45先令。如果约翰再有2先令,威廉少了2先令,查尔斯把自己实际拥有的钱翻一番,而托马斯减半,他们每个人就都正好有10先令了。

★答案 14

那天晚上出现在咖啡馆的人们必定是由七对情侣、十位单身男士和一位单身女士构成。这样,一共就是二十五人,而且根据所述的消费金额,他们一共花了正好5英镑。

★答案 15

　　这位女士以每磅2先令的价格买了48磅牛肉,而以每磅1先令6便士的价格买了同样重量的香肠,故而花了8英镑8先令。如果她牛肉买42磅而香肠买56磅,她就会在每样东西上花4英镑4先令,而且得到的是98磅而不是96磅——在重量上多得了2磅。

★答案 16

　　我的那枚一先令先是换得了十六只苹果,这笔交易的价格是每打九便士。那两只额外的苹果使我的一先令可换十八只苹果,这样,价格就成了每打八便士,或者说比最初的要价每打便宜了一便士。

★答案 17

　　这个人一定是买了单价五便士的鸡蛋十只,单价一便士的鸡蛋十只,单价半便士的鸡蛋八十只。这样他才能用八先令四便士的价钱买下一百只鸡蛋,而且其中有两种鸡蛋数目相同。

★答案 18

　　卖食品杂货的营业员被耽误了半分钟,而卖布料的营业员被耽误了八分半钟(是卖食品杂货的营业员的十七倍),加起来共是九分钟。现在,卖食品杂货的营业员称糖用了二十四分钟,加上被耽误的半分钟,完成这任务共花了24分30秒。但卖布料的营业员只需要剪四十七下就能把那匹四十八码长的布分成一码一块!这用去他15分40秒,把耽误的八分半加上去,得24分10秒。由此,显然是卖布料的营业员以领先二十秒赢得了比赛。大多数解题者都误认为把那匹布分成四十八块要剪四十八下!

★ 答案 19

如果没有我给的暗示,我的读者们可能会一致断定帕金斯先生的收入准是1710英镑。但这是错到家了。帕金斯太太说"我们在房租、地方税和国家税上花了他年收入的三分之一"云云 —— 这就是说,他们这两年来在房租等方面花掉了一笔金额,这笔金额等于他年收入的三分之一。注意,不管怎么样,她并没有说他们每年都花掉这样一笔金额,而是在这两年期间花掉了这笔钱。因此,按照对她的话的这种准确理解,唯一合适的答案是,他的收入是每年180英镑。这样,他两年的收入计360英镑,这期间花掉的金额中,60英镑付了房租等费用,90英镑用于日常开销,20英镑花在其他方面,在银行里尚有结存190英镑,与所述相符。

★ 答案 20

这次分发赏钱发生在"好几年之前",那时四便士硬币还在流通。一定有十九个人每人得到了十九便士。把这个数额用银币支付,可以有五种不同的方式。我们只要用到这些方式当中的两种。于是,如果有十四个人每人得到四枚四便士硬币和一枚三便士硬币,而有五人每人得到五枚三便士硬币和一枚四便士硬币,那么每人都得到十九便士,而且那将有正好一百枚硬币,总值1英镑10先令1便士。

★ 答案 21

第一位女士购物合计1先令5便士3法寻,第二位女士合计1先令11便士2法寻,她们合起来是3先令5便士1法寻。这三个数额一个都不能用少于六枚的英国流通硬币支付。

★ 答案 22

虽然斯诺格斯希望改为每半年加薪2英镑10先令的理由与我们的趣题无关,但他哄骗他老板付给他比原本要多的薪金这一事实倒是与此有

关的。很多读者将惊奇地发现,虽然这五年中莫格斯只拿到了350英镑,但狡猾的斯诺格斯在同样期间实际上拿到了362英镑10先令。余下来的事情就极其容易了。很显然,如果莫格斯存了87英镑10先令,而斯诺克斯存了181英镑5先令,那么后者所存钱占自己薪金的比例就是前者的两倍(具体地说,后者是二分之一,前者是四分之一),而且这两个数额加起来就是268英镑15先令。

★答案 23

对这个问题,人们给出了各种各样的荒唐答案,然而,你只要考虑到车店老板的损失不可能超过那自行车手实际所偷的价值,这问题真是十分容易。后者骑车扬长而去,带走的是一辆花了车店老板11英镑的自行车,以及那10英镑"找头",因此他以一张毫无价值的纸为代价,拿走了21英镑。这正是车店老板所损失的价值,而兑支票和向朋友借钱这些其他的操作,对这个问题一点儿影响也没有。至于在这辆自行车预期销售利润上的损失,当然不是那种口袋里少钱的直接损失。

★答案 24

比尔买下橘子的价钱一定是每一百个8先令——也就是说,10先令买125个。如果价钱是每一百个8先令4便士,那么他付出10先令只能买120个橘子。这些都与比尔的说法绝对相符。

★答案 25

由于这儿有五群牲口,每群牲口数目相等,所以牲口总数一定能被5整除;而由于八名交易商每人买进了相同数目的牲口,所以牲口总数一定能被8整除。由此,这个牲口总数一定是40的一个倍数。你会发现,40的倍数中尽可能大的能行得通的数是120,而这个数目的牲口可

以由两种方式组成——1头牛、23头猪和96头羊,或者3头牛、8头猪和109头羊。但这第一种方式被这些牲口是由"一些牛、一些猪和一些羊"组成的这样一句陈述所排除,因为一头牛不是"一些牛"。于是第二种分类是正确的答案。

★答案 26

解决这道小趣题,我们要特别注意顾客与店主所用词语的确切含义。我重新叙述一下问题,不过这次我加了一两个词语,以使情况清晰一些。加上的词用黑体印出。

"一个人到一家商店里买栗子。他说他要买一便士的栗子,结果他得到了五颗栗子。'这不够;我应该还有**一颗栗子**的a sixth,'他说道。'但是我再给你一颗栗子,'店主答道,'你就多拿five-sixths了。'好了,说来奇怪,他们俩都没错。顾客用半克朗能买到多少颗栗子?"

答案是半克朗栗子是155颗。用30除这个数,我们就会发现,作为那一便士的交换所得,顾客有权得到 $5\frac{1}{6}$ 颗栗子。因此,当他只拿到五颗栗子时说他还要a sixth(六分之一),这没有错。而店主说如果他再给一颗栗子(也就是说,一共六颗栗子),顾客就多拿一颗栗子的five-sixths(六分之五)了,也没错。

★答案 27

这些孩子们的年龄如下:比利,$3\frac{1}{2}$ 岁;格特鲁德,$1\frac{3}{4}$ 岁;亨里埃塔,$5\frac{1}{4}$ 岁;查利,$10\frac{1}{2}$ 岁;珍妮特,21岁。

★答案 28

一对夫妻,如果在结婚时其中年长者的年龄是年轻者的三倍,那么年

轻者结婚时的年龄总是同从结婚时到年长者年龄成为她年龄两倍时所经过的年数一样。在我们的情况中,后来是经过了十八年,因此廷普金太太在结婚那天的年龄是十八岁,而她丈夫那时五十四岁。

★答案 29

    埃达·乔金斯小姐一定是二十四岁,而她的小弟弟约翰尼三岁,其余十三位兄弟姐妹的年龄介于他们之间。在"比小约翰尼大七倍"这句话中对解题者设了个陷阱。"大七倍"当然等于"是八倍"。令人惊奇的是,急匆匆以为这与"是七倍"是一回事的人竟有这么多。一些杰出的作家犯过这个错误。很可能我的许多读者认为 $24\frac{1}{2}$ 岁和 $3\frac{1}{2}$ 岁是正确答案。

★答案 30

    再过四年半,当女儿长到十六岁半,而母亲是四十九岁半的时候。

★答案 31

    马默杜克的年龄一定是二十九又五分之二岁,而玛丽是十九又五分之三岁。当马默杜克的年龄是十九又五分之三岁的时候,玛丽只有九又五分之四岁,因此那时马默杜克的年龄是玛丽的两倍。

★答案 32

    汤米的年龄一定是九又五分之三岁。安妮的年龄是十六又五分之四岁,母亲的年龄是三十八又五分之二岁,而父亲是五十又五分之二岁。

★答案 33

    贾普先生 39 岁,贾普太太 34 岁,朱莉娅 14 岁,乔 13 岁;西姆金先生

42岁,西姆金太太40岁,索菲10岁,萨米8岁。

★答案 34

你会发现,当赫伯特拿十二颗时,罗伯特和克里斯托弗将分别拿九颗和十四颗,这样他们就一共拿三十五颗果仁。由于770中有二十二个35,我们只要把12、9和14乘以22,就能求得赫伯特的份额是264颗,罗伯特是198颗,克里斯托弗是308颗。接下来,由于他们的年龄之和是$17\frac{1}{2}$岁,或者说是12、9与14这三者之和的一半,因此他们的年龄一定分别是6岁、$4\frac{1}{2}$岁和7岁。

★答案 35

这位绅士是第二位女士的叔叔或伯伯。

★答案 36

参加这次派对的人有两个小姑娘和一个小男孩,还有他们的父亲和母亲,以及他们父亲的父亲和母亲。

★答案 37

字母m代表"与……结婚"。我们看到,约翰·斯诺格斯可以对约瑟夫·布洛格斯这样说:"你是我父亲的内弟,因为我父亲娶了你姐姐凯特;

你是我弟弟的岳父,因为我弟弟艾尔弗雷德娶了你的女儿玛丽;你是我岳父的弟弟,因为我妻子简是你哥哥亨利的女儿。"

★答案 38

表上所示的时刻是 9 时 $5\frac{5}{11}$ 分,这时秒针应该指在 $27\frac{3}{11}$ 秒处。指针下一次走到相隔距离与此相同的时刻将是 2 时 $54\frac{6}{11}$ 分,这时秒针应该指在 $32\frac{8}{11}$ 秒处。但是你只要把这只表(或者把我们前面的插图)拿到一面镜子前,这时你会看到镜子中映出的正是这个秒数! 当然,看镜子中的映像时,你要把 XI 看作 I,把 X 看作 II,等等。

★答案 39

从下午三时到午夜十二时有三十六对时刻,其中指示每对时刻的两根指针只是相互交换了一下位置。从任何整时(n)到午夜十二时,这样的时刻对数就是从 1 开始的 $12-(n+1)$ 个连续自然数之和。在这道趣题的情况下,$n=3$,所以 $12-(3+1)=8$,而 $1+2+3+4+5+6+7+8=36$,这就是所需要的答案。

第一对这样的时刻是 3 时 $21\frac{57}{143}$ 分和 4 时 $16\frac{112}{143}$ 分,而最后一对是 10 时 $59\frac{83}{143}$ 分和 11 时 $54\frac{138}{143}$ 分。我将不给出这三十六对时刻中的其余各对,而是提供一个公式,用这个公式,从中午十二时到午夜十二时发生的六十六对这种时刻中的任何一对,都可以立即求得:

$$a \text{ 时 } \frac{720b+60a}{143} \text{ 分 和 } b \text{ 时 } \frac{720a+60b}{143} \text{ 分。}$$

对于字母 a,可以用从 0、1、2、3 直到 10 的任何整时数代替(其中 0 代表中午 12 时),而 b 则可以代表任何比 a 晚的整时数,最大到 11。

利用这个公式,求出第二个问题的答案就一点没有困难了:$a=8$ 和

$b = 11$ 将给出 8 时 $58\frac{106}{143}$ 分和 11 时 $44\frac{128}{143}$ 分这对时刻,后者是所有这种时刻中分针靠点 IX 最近的时刻——事实上,只有一分钟的 $\frac{51}{143}$ 这点距离。

把所有这六十六对时钟指针呈互换的时刻制成一张表,读者可以发现这是很有意思的。一种简单的方法如下:设一个列专写一对时刻的第一个时刻,再设第二个列专写第二个时刻。在上述表达式中令 $a = 0$ 而 $b = 1$,我们求得第一个例子,并在第一列的顶头写入 0 时 $5\frac{1}{143}$ 分,而在第二列的顶头写入 1 时 $0\frac{60}{143}$ 分。现在,在第一列中不断地加上 $5\frac{1}{143}$ 分,而在第二列中不断地加上 1 小时 $0\frac{60}{143}$ 分,我们就得到了所有十一对这样的时刻:其中第一个时刻都是零时过后或者说中午十二时过后再过若干分钟。接下来在时间间隔上有一个"跳跃",但是你可以令 $a = 1$ 和 $b = 2$ 而得到下一对时刻。然后同前面那样,用不断加上那两个时间间隔的方法,你将得到 1 时后面的所有十对时刻。接下来又有一个"跳跃",而你通过加法又能得到 2 时后面的所有九对时刻。如此等等,直到结束。至于这些"跳跃"的性质和起因,我留给读者自己去探究。就这样,我们相继得到了整时数后面的 11 + 10 + 9 + 8 + 7 + 6 + 5 + 4 + 3 + 2 + 1=66 对时刻。这个结果与这篇文章第一段中的公式相符。

有一所文官培训学院的院长,在一家期刊上主持一个"文官专栏"。不久前他收到来信,信中向他询问:"一台指针长度相同的钟,在 VII 时之后再过多久所指示的时间将变得模棱两可?"他的第一个回答是"一时后面的某个时刻",但是他一期又一期地改变答案。他的一些读者终于使他相信,答案是"在 VII 时 $5\frac{1}{143}$ 分"。于是他最后以此为正确答案,但他同时给出的理由竟然是,在那个时刻不管你假设哪根指针是时针,所指示的时间都是一样的!

★答案 40

那个时间一定是下午9时36分。从中午到那时的时间的四分之一是2小时24分,从那时到第二天中午的时间的一半是7小时12分。把它们加起来就是9小时36分。

★答案 41

如果这65分钟就是在这只表的表面上计得的,那么这道题目不能解:因为指针每走过这表面所表示的 $65\frac{5}{11}$ 分钟,必定重合一次,这同表走快走慢没有关系。但如果这65分钟是用实际时间测得的,那么这表每65分钟快了一分钟的 $\frac{5}{11}$,或者说每小时快了一分钟的 $\frac{60}{143}$ 。

★答案 42

仅仅作为一道算术题目,这个问题并没有什么难处。为了让指针同时都指着十二时,B钟将必须快至少十二小时,而C钟将必须慢至少十二小时。因为B钟在一天二十四小时中快了一分钟,而C钟在完全同样的时间内慢了一分钟,显然一只钟将用720天来做到快720分钟(就是十二小时),而另一只钟将用720天来做到慢720分钟。A钟走时准确,因此这三只钟必定在从1898年4月1日算起的第720天的中午都同时指着十二时。这天是一个月中的哪一天呢?

我在1898年发布这道小趣题,是为了看看有多少人知道1900年并非闰年这个事实。令人意外的是,居然有这么多人在这一点上显得无知。每个能被四除后没有余数的年份都是闰年,但是每一百年都要除去一个闰年。1800年不是闰年,1900年也不是。然而,在另一方面,为了让历法与太阳的运行规律更为接近,每四百年还是要考虑一个闰年。于是,2000年、2400年、2800年、3200年,等等,都将是闰年。或许我的读者们能活到那个时候。因此我们求得,从1898年4月1日中午开始,过720

天，我们将来到1900年3月22日的正午。

★答案 43

插图中所示的指针位置只可能表明那钟是在11时44分51$\frac{1143}{1427}$秒的时候停的。秒针下一次将在11时45分52$\frac{496}{1427}$秒的时候"处在另两根指针的正中间"。如果我们是针对这三根指针在圆周上所对的点而言的话，那么答案将是11时45分22$\frac{106}{1427}$秒；但是问题是对指针而言的，而且那时秒针不在另两根指针之间，而是在它们之外。

★答案 44

这时间一定是2时43$\frac{7}{11}$分。

★答案 45

在十二个小时当中，有十一个不同的时刻让一只钟的时针和分针发生一根正好在另一根上面的情况。如果我们把12小时除以11，我们就得到1小时5分27$\frac{3}{11}$秒，这就是从12时到它们第一次重合所经过的时间，这也是两根指针从一次重合到下一次重合所经过的时间。它们第二次重合是在2时10分54$\frac{6}{11}$秒（把上面的时间翻倍）；下一次是在3时16分21$\frac{9}{11}$秒；再下一次在4时21分49$\frac{1}{11}$秒。这最后的一个，是唯一的时针分针重合而"秒针刚刚走过49秒处"的时刻。因此，这就是表停下的时刻。盖伊·布思比（Guy Boothby）在他的《为一个妻子横跨世界》（*Across the World for a Wife*）开头句子中写道："这是一个寒冷阴沉的冬天下午，当我壁炉台上那台钟的指针会合在一起，指着4时20分的时候，我寝室里

几乎黑暗得像深夜一样。"很显然,作者在这里出了个差错,因为,正如我们上面看到的,他的估算差了1分49$\frac{1}{11}$秒。

★答案 46

发生这段对话的那天是星期日。因为当后天(星期二)是"昨天"时,"今天"将是星期三;而当前天(星期五)是"明天"时,"今天"是星期四。星期四与星期日之间,星期日与星期三之间,都是有两天。

★答案 47

对这三个村庄用它们英文原名的首字母来称呼(称阿克里菲尔德为A,巴特福德为B,奇斯伯雷为C)。显然那三条道路构成了一个三角形ABC,而且从C到底边AB的垂线长12英里。这条垂线把我们的三角形划分成两个直角三角形,它们有一条12英里长的公共边。于是可以发现,从A到C的距离是15英里,从C到B的距离是20英里,而从A到B的距离是25(就是9加上16)英里。这些数很容易证明,因为12的平方加上9的平方等于15的平方,而12的平方加上16的平方等于20的平方。

★答案 48

这距离一定是6$\frac{3}{4}$英里。

★答案 49

这个距离一定是60英里。如果埃德温爵士在中午动身,并以每小时15英里的速度骑行,他将在四时到达——早了一个小时。如果他以每小时10英里的速度骑行,他将在六时到达——晚了一小时。但是如果他以每小时12英里的速度行进,他到达那坏贵族的城堡的时间将正好是五时——这正是指定的时间。

★答案 50

跑完这一英里用了九分钟。根据所述的事实,我们不能确定跑第一个和第二个四分之一英里各用了多少时间,但是它们一共所用的时间显然是四分半钟。最后的两个四分之一英里各用了二又四分之一分钟。

★答案 51

把马铃薯的个数、比这个个数少一的数和比这个个数的两倍少一的数乘起来,再除以3。按此,把50、49和99乘起来,得到242 550;再除以3,这就给了我们80 850码这个正确答案。因此,这孩子要跑45英里再加十六分之十五英里——这真是一个工作了一天之后的美妙小游戏。

★答案 52

顶行必定是下列四个数之一:192、219、273、327。其中第一个就是已给出的例子。

★答案 53

最小的和是356 = 107 + 249,而最大的和是981 = 235 + 746或657 + 324。当中的那个和可以是720 = 134 + 586,可以是702 = 134 + 568,也可以是407 = 138 + 269。这个情况下的和一定是由0、2、4、7中的三个数码组成,但是除了这三个给出的外,不可能得出其他的和。因此,在第一个大橱的情况中,我们别无选择;在第三个大橱的情况中,有两种选择;而在中间那个大橱的情况中,可以选择三种排法中的任何一种。这里是一种解答:

107	134	235
249	586	746
356	720	981

当然,在每种情况中,上面两行的数码可以上下对换,和不会变化。结果,实际上就可以有正好3072种不同的样式把数码置于锁柜门上。我

必须自鸣得意地展示一个关于这道趣题的小原理。和的数码之和总是被那个剔除不用的数码所支配。

$$\frac{9}{9} \quad \frac{7}{10} \quad \frac{5}{11} \quad \frac{3}{12} \quad \frac{1}{13} \quad \frac{8}{14} \quad \frac{6}{15} \quad \frac{4}{16} \quad \frac{2}{17} \quad \frac{0}{18}$$

这里显示在横线上面的数码，不管是哪一个，如果是剔除不用的，那么相应的和的数码之和就可在同一横线下面找到。例如，在大橱A的情况中，我们没有用8，于是和的数码加起来等于14。因此，如果我们要得到356，那么我们可以立刻十分有把握地知道，这只能通过舍弃8才能得到（如果能得到的话）。

★答案 54

我认为，这个最大的积是通过把8 745 231乘以96而得到的——具体地说，是839 542 176。

我在这里将一般化地处理这个问题，对于三个数码，只有两个合适的解答，而对于四个数码，只有六个不同的解答。

这些情况已全部给出。对于五个数码，恰有二十二个解答，如下所示：

$$3 \times 4128 = 12\,384,$$
$$3 \times 4281 = 12\,843,$$
$$3 \times 7125 = 21\,375,$$
$$3 \times 7251 = 21\,753,$$
$$2541 \times 6 = 15\,246,$$
$$651 \times 24 = 15\,624,$$
$$678 \times 42 = 28\,476,$$
$$246 \times 51 = 12\,546,$$
$$57 \times 834 = 47\,538,$$
$$75 \times 231 = 17\,325,$$

$$624 \quad \times \quad 78 \quad = \quad 48\,672,$$
$$435 \quad \times \quad 87 \quad = \quad 37\,845;$$

$$9 \quad \times \quad 7461 \quad = \quad 67\,149,$$
$$72 \quad \times \quad 936 \quad = \quad 67\,392;$$

$$2 \quad \times \quad 8714 \quad = \quad 17\,428,$$
$$2 \quad \times \quad 8741 \quad = \quad 17\,482,$$
$$65 \quad \times \quad 281 \quad = \quad 18\,265,$$
$$65 \quad \times \quad 983 \quad = \quad 63\,895;$$

$$4973 \quad \times \quad 8 \quad = \quad 39\,784,$$
$$6521 \quad \times \quad 8 \quad = \quad 52\,168,$$
$$14 \quad \times \quad 926 \quad = \quad 12\,964,$$
$$86 \quad \times \quad 251 \quad = \quad 21\,586。$$

现在,如果我们把每种可能的组合都拿来用乘法检验一下,那么我们将需要做不少于30 240次的尝试,或者,如果我们一上来就把乘数为1的情况剔除,那也要28 560次尝试。我想这是一个大多数人都想逃避的工作。但是,让我们来考虑一下是不是就没有更简短的方式来得到所需要的结果了。我已经解释过,如果你把任何数的各位数码加起来,然后,如果必要,就把加出来的结果的各位数码加起来,你最后一定会得到一个由一个数码构成的数。这最后的一个数我称之为"数码根"。在我们题目的每一个解答中,我们乘数的数码根的和的数码根,必定与它们的积的数码根相等。这种情况只能以四种方式发生:当这两个乘数的数码根分别为3和6,或者9和9,或者2和2,或者5和8的时候。我已把上面二十二个解答划分成这样的四类。于是很显然,前两类中的任何一个积的数码根一定是9,而后两类中的是4。

由于事实上没有一个五位数①会有一个小于15或大于35的数码和，我们发觉，要使我们的积的数码根为9，它的各位数码加起来不是18就是27，要使积的数码根为4，它的数码和不是22就是31。选择五个不同的数码使它们加起来为18的方式有3种，选择五个数码使它们加起来为27的方式有11种，选择五个数码使它们加起来为22的方式有9种，加起来为31的方式有5种。因此，一共有28个不同的数码组，不会再有其他的了，其中任何一组都有可能构成一个积。

接下来我们把这五个一组共28组数码写成一列，并进而把它们可能分解成的因数或者叫乘数列入表中予以考察。粗略地说，现在看来约有2000种可能的情况要试验一下，而不是上面提到的30 240种了。然而，淘汰过程现在开始了，而如果读者有一双敏锐的眼睛和一个清晰的头脑，他就能迅速地排除掉大量的情况，留下相对较少的验算乘法有必要做一下。如果要详细解释我的方法，就要占据太多太多的篇幅，但我将拿我表格中的第一组数码来演示，在每个人做下去时都应该想到的小技巧和小花招的帮助下，这件事是怎样容易地完成的。

我的第一组作为积的五个数码是8、4、3、2、1。这里，我们可以看到，每个因数的数码根必定是3或3的倍数。由于其中没有6或9，所以乘数若是一位数就只能是3。现在，余下的四个数码可以排列成24种不同的方式，但是没有必要做24次乘法。我们一眼就能看出，为了得到一个五位数的积，不是8就是4必须是左边第一位数码。但是如果2的右边不是紧挨着8，乘起来就会产生一个6或一个7，但这两个数码是不能出现的。因此，我们立即就把情况缩减到只有两种，3×4128和3×4281，它们都是正确的解答。接下来假定我们要试验二位数因数21。这里我们看到，如果要乘的数在500之下，那么积或者只是一个四位数或者以10开头。

---

① 当然是指各位数码均不相同的五位数。——译者注

因此我们只要检查843×21和834×21这两种情况就可以了。但是我们知道,积的第一个数码[1]将是被乘数的第一个数码的重复,而第二个数码将是被乘数第一个数码的两倍加上其第二个数码。结果,由于3的两倍加上4在我们的积中产生一个0,第一种情况立即被淘汰。现在只要对余下的那种情况用乘法试验一下,但我们发现它并没有给出一个正确的答案。如果我们接下来试验因数12,那么我们一下子就能看出,8不能在个位上,3也不能,因为它们都会产生一个6,如此等等。一双机警的眼睛和一种敏锐的判断力,将使我们能在比预期短得多的时间里对我们的表格像这样作一番清理。这个过程花了我三小时多一点的时间。

我并没有试图把六个、七个、八个和九个数码的情况下的解答全部列举出来,我只是记下了近五十个关于九个数码的例子。

★答案 55

在这种情况下,不可避免地要仅仅依靠一定次数的"尝试"。但是有两种类型的"尝试"——那些纯粹随意的和那些有条不紊的。真正的趣题爱好者是决不会满足于仅仅的随意性尝试的。读者会发现,只要把23和46中的数码顺序反过来(使得乘数是32和64),两个积就都成为5056了。这是一个改进,但并非正确答案。如果我们让584乘以12,我们就可以得到7008这样大的一个积了,但是这个答案如果不运用一些判断力和具有一定的耐心是不可能找到的。

★答案 56

这六个数的数码根在这里是6、4、1、2、7、9,它们加起来是29,而29的数码根是2。如果一个购买者所买酒的量是另一个购买者的两倍,那么

---

① 从右数起,下同。——译者注

所卖酒桶中的酒的总加仑数必定是一个能被3整除的数,于是我们必须把一个其加仑数的数码根是2、5或8的酒桶找出来放在一旁。只有一个酒桶符合这条件,它装了20加仑的酒。因此这个人一定是把这20加仑啤酒留给自己享用,而把33加仑酒(18加仑和15加仑的两桶)卖给一个人,把66加仑(16、19和31加仑的三桶)卖给了另一个人。

★答案 57

那九个数码均用到一次且仅一次,把100这个数表示成一个带分数,这个问题就像所有这类数码趣题,自有其迷人的一面。纯粹的生手可以通过耐心的尝试得到正确的结果,而且在发现和记下每一种新拼排方式的时候会有一种奇妙的快乐,就好像植物学家找到了某种长期搜寻的植物时那样喜悦。这件事只是把那九个数码予以正确拼排,但如果我们想要得到相当多的结果,那么由于面临着数千种可能的组合,这项工作可不像乍看上去那么容易。这里是那十一个答案,其中包括我给出作为样本的那个:

$$96\frac{2148}{537},96\frac{1752}{438},96\frac{1428}{357},94\frac{1578}{263},91\frac{7524}{836},91\frac{5823}{647},91\frac{5427}{638},$$

$$82\frac{3546}{197},81\frac{7524}{396},81\frac{5643}{297},3\frac{69258}{714}$$

好了,由于这里所有的分数必定代表着整数,因此将它们写成下面的形式进行处理将是比较方便的:$96+4,94+6,91+9,82+18,81+19$,以及$3+97$。

对于任何整数,把这个整数补足到100的那个分数的数码根将必定呈现某种特定的模式。例如,在96+4的情况中,我们立刻就可以说,如果

---

① 设这个分数为x/y,则有$x+y\equiv1+2+3+4+5+7+8\equiv3(\bmod\ 9)$,$x\equiv4y(\bmod\ 9)$,可解得$x\equiv y\equiv6(\bmod\ 9)$。其他几种情况类似。——译者注

可以得到一个答案,那么这个分数的分子和分母的数码根一定都是6。检查一下上面给出的前三种拼排,你会发现正是如此[①]。在94+6的情况中,分子和分母的数码根将分别是3和2;在91+9和82+18的情况中,它们将是9和8;在81+19的情况中,它们将是9和9;而在3+97的情况中,它们将是3和3。因此,每一个可以录用的分数都有其特定的数码根模式。如果你无意识地试图打破这条规律,那你只是在浪费时间。

　　每一位读者大概都已经意识到,某些整数显然是不可能的。例如,假如这个整数中有个5[①],那么那个分数中就会有一个0或第二个5,这是题目条件所不允许的。接下来,10的倍数,像90和80这样的,当然不可能出现。末尾是9的整数,如89和79,也是不可能出现的。这是因为那个分数的值将为11或21,其最后一位为1,这会导致数码重复。数码发生重复的整数,像88和77这样的,显然也是没有用处的。这些情况,正如我说过的,对每一位读者都是显而易见的。但是当我宣布像98 + 2、92 + 8、86 + 14、83 + 17、74 + 26这样的许多组合因为其不可能而必须立即抛弃时,理由就不是那么显而易见了。遗憾的是,我腾不出地方来对此作一解释。

　　但是当所有这些已知为不可能的组合都被剔除后,却并不能说余下的所有"可能模式"实际上都会有效。基本模式可能是正确无误的,但是其他更深刻的原因会悄悄地爬进来挫败我们的努力。例如,98+2是一种不可能的组合,因为我们马上就能说,对于这个值为2的分数,根本没有合适的数码根模式。但是在97 + 3的情况中,分数的数码根却有一个合适的模式,即6和5。只有经过进一步的研究,依靠一些极为细致的考虑,我们才能断定这种模式事实上是不能实现的。用一种排除方法,可将这

---

　　① 这应该是指个位上是个5。如果十位上是5,那么情况并非显然,而且下面的否定理由也对不上号。——译者注

一解题工作大为简化。这种方法基于这样的考虑：某些乘法会导致数码重复，而且整数不可能在12到23的范围内（包括这两个数），因为对于其中的每一个数，没有足够小的分母来形成分数部分。

★**答案 58**

当前这道趣题的难点在于，整数15和18是不可能有解的。要判定这一点，除了尝试所有的可能，别无他法。这里是关于那十个有解的数的答案：

$$9\frac{5427}{1368}=13, 9\frac{6435}{1287}=14,$$

$$12\frac{3576}{894}=16, 6\frac{13528}{947}=20,$$

$$15\frac{9432}{786}=27, 24\frac{9756}{813}=36,$$

$$27\frac{5148}{396}=40, 65\frac{1892}{472}=69,$$

$$59\frac{3614}{278}=72, 75\frac{3648}{192}=94。$$

对于其中的16、20和27，我只是各找到了一种拼排方式；但其他几个数，都能用不止一种的方式给出解答。至于15和18，虽然它们可以用简分数轻易地得到解决，然而"带分数"必须要有一个整数部分；虽然我动脑筋巧妙地钻了题目条件的空子（如下所示 这分数既是带分数又是繁分数），但是严格地遵照题目所示的形式应是更恰当的做法：

$$3\frac{\frac{8952}{746}}{1}=15, 9\frac{\frac{5742}{638}}{1}=18。$$

我已经证明，100以下的正整数，除了1、2、3、4、15和18之外，都有合适的解。其中前面三个数的不可能有解是很容易证明的。我还注意到，数码根为8的数——即像26、35、44、53这样的数——似乎有着最大数量的答案。仅仅是26这个数，我就记下了不少于二十五种的不同拼排方式，而且我毫不怀疑还有更多的拼排方式。

★答案 59

将四个七加上简单的算术符号写下来,使得其运算结果等于 100 的方式如下:

$$\frac{7}{.7} \times \frac{7}{.7} = 100$$

零点七分之七这个分数当然等于 7 除以 $\frac{7}{10}$,相当于 70 除以 7,即 10。然后 10 乘以 10 等于 100。原来如此!可以看出,不管你用什么数代替 7,这个解决办法同样适用。

★答案 60

大多数人都知道,如果一个数奇数位上的数码和等于其偶数位上的数码和,则这个数就能被 11 整除而不留下余数。举例来说,在 896 743 012 中,奇数位上的数码是 2、0、4、6、8,加起来是 20,而偶数位上的数码 1、3、7、9 加起来也是 20,因此这个数可以被 11 整除。但是看来几乎没人知道,如果奇数位数码和与偶数位数码和的差是 11,或者是 11 的倍数,那么这个法则同样适用。这条规律使我们能够通过很少的尝试,找到含有那十个数码(把 0 也称为数码)中的九个,且能被 11 整除的最小数 102 347 586,以及最大数 987 652 413。

★答案 61

在这九个以数值大小为顺序排列起来的数码之间放入算术符号,使得给出的表达式等于 100,可以有许多许多种不同的方式。事实上,读者如果不是非常仔细地研究这件事,他或许不会料到有这么多合适的方式。正是由于这个原因,我加上了不仅符号要用得尽可能少,而且笔画也要尽可能少的条件。这样,我们就把这个问题限制在一个单一的解上,从而达到最简单从而也是最好(在这个情况中)的结果。

就像在幻方的情况中那样,存在着一些方法,可让我们用来非常轻易地写下许多许多的解,但不是所有的解,因此我们可以有好几种方式迅速地给出这个"数码构成的一百"的几十种排列,而不是找出所有合适的排列。事实上,在这件事上几乎没有什么准则,而且也没有什么确定的方式来表明我们已经得到了最好的解。我能说的只是,我在下面作为最好解而给出的排列,是我寻找至今所获得的最好解。我将给读者几个有趣的样本,其中第一个是通常公布的解,最后一个就是我所知道的最好解。

	符号数	笔画数
$1+2+3+4+5+6+7+(8\times9)=100$	9	18
$-(1\times2)-3-4-5+(6\times7)+(8\times9)=100$	12	20
$1+(2\times3)+(4\times5)-6+7+(8\times9)=100$	11	21
$(1+2-3-4)(5-6-7-8-9)=100$	9	12
$1+(2\times3)+4+5+67+8+9=100$	8	16
$(1\times2)+34+56+7-8+9=100$	7	13
$12+3-4+5+67+8+9=100$	6	11
$123-4-5-6-7+8-9=100$	6	7
$123+4-5+67-8-9=100$	4	6
$123+45-67+8-9=100$	4	6
$123-45-67+89=100$	3	4

人们会注意到,在上面我把括号算作一个符号、两个笔画。最后这个解简单得出奇,我想它保持的纪录永远不会被打破了。

★答案 62

对于这道趣题,只有如下六个不同的解答:

8乘以473等于3784,

9乘以351等于3159,

15乘以93等于1395，

21乘以87等于1827，

27乘以81等于2187，

35乘以41等于1435。

可以看出，在每一种情况中，两个乘数所含有的数码与积的数码完全相同。

★答案 63

把这十块签到牌分成如下三组：7 1 5—4 6—3 2 8 9 0，那么第一组乘以第二组就得出第三组了。

★答案 64

所有可以用任何给定的四个不同数字拼成的数之和，总是6666乘以这四个数字之和[①]。例如，1、2、3、4加起来等于10，而10乘6666是66 660。现在，从骰子上的七个数字（请回想6和9可以相互调头这个花招）中取出四个数字有三十五种不同的方式。这三十五个组合中的所有数字加起来等于600[②]。于是6666乘以600就把正确答案3 999 600给了我们。

让我们把骰子扔掉，用那九个数码（不包括0），从一般的角度来研究这个问题。现在，如果只是给你这些数码的和——也就是说，假定题目条件是，你可以使用任何四个数字，只要它们的和等于一个给定的数——那么

---

① 以1、2、3、4为例。用这四个数字拼成的数，个位数是1的有3!=6个，是2的，是3的，是4的，都是6个。因此，这些数的个位数加起来是(1+2+3+4)×6。同理，这些数的十位数、百位数、千位数加起来都是(1+2+3+4)×6。因此，这些数的和就是(1+2+3+4)×6×(1000+100+10+1)，即(1+2+3+4)×6666。——译者注

② 这是因为，每个数字在这些组合中的出现次数都是 $C_6^3=20$ 次，而1+2+3+4+5+6+9=30，30×20=600。——译者注

我们得想到,有些四数字组合会给出相同的和。这种情况有许多。

10	11	12	13	14	15	16	17	18	19	20
1	1	2	3	5	6	8	9	11	11	12

21	22	23	24	25	26	27	28	29	30
11	11	9	8	6	5	3	2	1	1

　　这里上面一行中的数给出了所有可能的四个不同数字之和,而下面一行则给出了可以加得相应和的不同方式数。例如,13这个和可以由三种方式加得:$1+2+3+7,1+2+4+6,1+3+4+5$。你会发现,下面一行中的数加起来等于126,这正是从那九个数字中每次取四个所得组合的个数。根据这张表,我们可以立即算出如下问题的答案:所有由四个加起来等于14的不同数码(不包括0)拼成的四位数之和是多少?把14乘以表中位于它下方的数5,再把乘得的结果乘以6666,你就得到答案了。由此可得,要知道所有由四个不同数码拼成的四位数之和,你可以把两行中上下对应着的每对数相乘,再把乘得的结果统统加起来,你会得到2520,把它乘以6666,就给出了答案16 798 320。

　　下面这个关于任何位数[1]的一般解法无疑会让读者感兴趣。令n表示位数,则$5×(10^n-1)×8!$除以$(9-n)!$就等于所要求的和。注意0! 等于1。这个解法可以简约成下面这个实用的规则:将$4×7×6×5×\cdots$乘到第$n-1$个数;在乘得结果的右边添上$n+1$个0,拼成一个数,再把这个数减去在原乘得结果的右边仅添一个0而拼成的数。以$n=4$为例(就是我们刚才的情况),$4×7×6=168$。于是16 800 000减去1680就使我们以另一种方法得到了16 798 320。

---

　　① 由于要求数中各位数码不相同,因此最多不过九位数。——译者注

★答案 65

这人说，"我还要挖现在的两倍深"，而不是说"还要挖比现在的多两倍深"。这就是说，他还要挖的深度是他已经挖好的深度的两倍。这样，当这洞挖好后，其深度将是现在的三倍。于是，答案是：这洞现在深3英尺6英寸，这人高出地面2英尺4英寸；当洞挖好后，其深度将为10英尺6英寸，那时这人将低于地面4英尺8英寸，即位于深度为他现在高出地面距离两倍的地方。

★答案 66

把这十个重量加起来，再除以4，我们得到289磅，这就是那五捆干草的总重量。如果我们按重量大小的顺序称这五捆干草为A、B、C、D、E，其中A为最轻，E为最重，则最轻的重量110磅一定是A和B的重量和；而第二轻的重量112磅，一定是A和C的重量和。接下来，最重的两捆干草D和E，其重量和一定是121磅，而C和E的重量和一定是120磅。于是我们知道了A、B、D、E的重量和是231磅。从289磅（五捆干草的总重量）中减去它，就给了我们C的重量58磅。现在，只要用减法，我们就能算出这五捆干草每一捆的重量——它们分别是54磅、56磅、58磅、59磅和62磅。

★答案 67

这位智力平平的小男生也许会循规蹈矩地把这道题目处理成一个二次方程。这里是真正的算术解法。把两个到墙距离的积翻倍。这使我们得到144，它是12的平方。这两个距离的和是17。如果我们把12和17这两个数相加，同时又从其中一个减去另一个，我们就得到了两个答案：29或5，这桌子的半径，即直径的一半。因此，直径为58英寸，或10英寸。但是一张具有后一种尺寸的桌子是很滑稽的，而且与插图也完全不相符。所以这张桌子的直径是58英寸。在这种情况中，那个点子位于靠近房间角落的桌边上——那男孩正指着它。如果取另一个答案，这点子将

位于远离房间角落的桌边上。

★答案 68

　　这蜡烛一定是点了三小时三刻钟。一支蜡烛剩下了全长的十六分之一，另一支剩下了十六分之四。

★答案 69

　　自由党、保守党、独立党和社会党得到的票数分别是：1553、1535、1407 和 978。要做的事只是把那三个差额（共 739 票）加到总票数 5473 上（得到 6212），然后除以 4，这就给了我自由党的得票数 1553。于是其他三个党的得票数当然可以通过把这三个差额相继从这个数中减去而得到。

★答案 70

　　这位警察跑了三十步。在这段时间内，窃贼跑了四十八步。加上他开头跑的二十七步，一共是七十五步。这个距离正好等于警察跑的三十步。

★答案 71

　　不管有多少灯杆，帕特一定是比蒂姆多漆了六根灯杆。例如，假定马路两边各有十二根灯杆，那么帕特漆了十五根，蒂姆九根。如果两边各有一百根，那么帕特漆了一百零三根，蒂姆只有九十七根。

★答案 72

　　出席这次会议的有十八人，其中十一人离去。如果走了十二人，那么有三分之二的人退出。如果只走了九个人，那么这次会议就失去了一半与会者。

★答案 73

　　唯一正确的答案是:有11 616位女士提出了求婚。这里是所有的细节,读者可把它们对照题目原文进行验算。10 164名独身女子中,有8085人嫁给了单身汉,627人嫁给了鳏夫,1221人被单身汉拒绝,231人被鳏夫拒绝。1452名寡妇中,有1155人嫁给了单身汉,297人嫁给了鳏夫,没有一名寡妇被拒绝。只要我们能正确地解读这道题目,用代数方法是不难把它解决的。

★答案 74

　　唯一的答案就是有5个男人、25个女人和70个儿童。这样一共是100个人,女人是男人的5倍。男人一共分得15蒲式耳,女人50蒲式耳,儿童35蒲式耳,所以正好是分配了100蒲式耳。

★答案 75

　　整块麦田的面积一定是46.626平方杆。中央那块被农夫留下的小正方形的边长是4.8284杆,因此它的面积是23.313平方杆。于是这块麦田的面积比四分之一英亩大,比三分之一英亩小;更准确地说,是0.2914英亩。

★答案 76

　　答案是$2^5 \cdot 9^2$,它与2592是一回事,而且这是这道趣题的唯一合适的解答。

★答案 77

　　克鲁克斯肯定是有所失,而且他赌的时间越长,他失去的钱就越多。如果硬币掷了两次,那么他手中还剩下他原有钱的四分之三;如果掷了四次,那么还剩下他原有钱的十六分之九;如果掷了六次,那么还剩下他原

有钱的六十四分之二十七。只要输赢的次数最终相等,输赢的次序是无关紧要的。

★答案 78

这男孩的体重一定是在39.79磅左右。一块砖重3磅,因此16块砖重48磅,而11块砖重33磅。48乘以33,再取平方根,即得所求。

★答案 79

这位教授开始玩牌时一定是有十三先令,波茨先生有四先令,波茨太太有七先令。

★答案 80

查尔斯的死亡,使得他原来应得的那份遗产复归,因此我们只要把这整整一百英亩土地以三分之一比四分之一的比例在艾尔弗雷德和本杰明之间划分就可以了。三分之一比四分之一就是十二分之四比十二分之三,也就是四比三。于是艾尔弗雷德拿这一百英亩的七分之四,本杰明拿七分之三。

★答案 81

很显然,死者的意图是:给儿子的遗产是给这位母亲的两倍,或者给女儿的遗产是给这位母亲的一半。因此,最公正的分法是:母亲拿七分之二,儿子拿七分之四,女儿拿七分之一。

★答案 82

这农夫只有一只绵羊!如果他把这只绵羊分为两部分(最好是按照重量),使得一部分是三分之二,另一部分是三分之一,那么这两个数的差与它们的平方差就是一回事——也就是说,都是三分之一。任何两个分

数,只要分母等于两个分子之和,都能行。

★答案 83

　　这道趣题相当于这样一道题目:找出可表示成三个以上相继立方数(不许有立方数1)之和的最小平方数。由于要求提供三堆以上的石块,这就排除了 $23^3+24^3+25^3=204^2$,否则它就是最小的答案。但是,$25^3+26^3+27^3+28^3+29^3=315^2$ 这个答案是可以的。不过,正确的答案有着更多的石堆,而更小的石块总数。它就是:$14^3+15^3+\cdots+25^3$,即一共十二个石堆,其中的石块加起来是 97 344 块,它们可以铺开来形成一个 312×312 的正方形。我只想指出,通向解答的一把钥匙在于所谓的三角形数。

★答案 84

　　所求的数为 3 529 411 764 705 882。通过把 3 从这排数字的一头移到另一头这个投机取巧的简单方法,就可以达到把这个数乘以 3 再除以 2 的目的。如果你想要一个更长的数,你可以顺序不变地重复这十六个数字,把这个数延长到任何长度。

★答案 85

　　稍稍想一下就会明白,答案必须是分数,而且一个分数是分子比分母大,另一个分数是分子比分母小。事实上,如果我们要取数字最小的答案,那么大立方体的高度一定是 $\frac{8}{7}$ 英尺,小立方体的高度是 $\frac{3}{7}$ 英尺。于是,在长度上是 $\frac{11}{7}$ 英尺,即 $1\frac{4}{7}$ 英尺。那么这两个立方体的体积是多少呢? 第一个是 $\frac{8}{7}\times\frac{8}{7}\times\frac{8}{7}=\frac{27}{343}$,第二个是 $\frac{3}{7}\times\frac{3}{7}\times\frac{3}{7}=\frac{27}{343}$。把它们加起来,结果是 $\frac{539}{343}$,经约分,变成 $\frac{11}{7}$,即 $1\frac{4}{7}$ 立方英尺。因此我们看到,立方英尺数和英尺数完全一致。

这个思想的萌芽可在亚历山大城的丢番图于大约于4世纪初撰写的著作里找到。这些分数三个一组地出现,并可从三个生成元 a、b、c 获得,其中 a 是最大的,c 是最小的。

于是 $ab + c^2 =$分母,而 $a^2 - c^2$、$b^2 - c^2$ 和 $a^2 - b^2$ 就是那三个分子。例如,使用生成元3、2、1,我们就可以得到 $\dfrac{8}{7}$、$\dfrac{3}{7}$、$\dfrac{5}{7}$。我们可以把其中第一个与第二个配对,就像在上述解答中那样;也可以把第一个与第三个配对,从而得到第二组解。分母必须是一个 $6n + 1$ 型的素数或这种素数的乘积。例如你可以有13、19等等,但不可以有25、55、187等等。

理解了这个原则,就可以毫无困难地写下许多组立方体的尺寸,最挑剔的收藏者要多少就有多少。例如,如果读者想要一个有许多9的,或许下面这个会令他满意:$\dfrac{99999999}{99990001}$ 和 $\dfrac{19999}{99990001}$。

★答案 86

最小的几个 $4n + 1$ 型素数是5、13、17、29和37,而最小的几个 $4n - 1$ 型素数是3、7、11、19和23。好,第一种类型的素数总可以表示成两个平方数之和,不过只能以一种方式。例如,$5 = 4 + 1$,$13 = 9 + 4$,$17 = 16 + 1$,$29 = 25 + 4$,$37 = 36 + 1$。但是第二种类型的素数无论如何也不能表示成两个平方数之和。

要实现一个数可用好几种不同方式表示成两个平方数之和,这个数必须是一个含有多个我们那第一种类型素数的合数。例如,单单是5或13,就只能以一种方式如此表示;而65(5×13)能以两种方式表示,1105($5 \times 13 \times 17$)能以四种方式,32 045($5 \times 13 \times 17 \times 29$)能以八种方式。可见,每引进一个新的这种类型的因数,我们就能把表示方式的种数翻一番。不过,请注意我说的是**新的**因数,因为因数发生重复时将遵循另一条规律。我们不能用两种方式表示25(5×5),而只能用一种方式表示。但是,125($5 \times 5 \times 5$)能以两种方式给出,625($5 \times 5 \times 5 \times 5$)亦如此。而

如果再加进一个5,我们就能用三种不同的方式把这个数表示成两个平方数之和了。

如果有一个第二种类型的素数混进了你的合数,那么你这个数就不能表示成两个平方数之和。例如,15(3×5)就不行了,135(3×3×3×5)同样不行。不过,如果我们加进偶数个3,那倒行了,因为这些3本身就形成了一个平方数,但是你只能有一个解。例如,45(3×3×5,或9×5)=36+9。类似地,因数2,或者2的幂,如4、8、16、32,总是可以出现的,但它们的引进或消除绝不会对你解答的个数产生影响,除非像50这样的情况,这里是一个平方数的两倍,因此给了你两个答案,49+1和25+25。

现在,直接把一个数分解成它的素因数,于是我们一看就能知道它是不是能分成两个平方数。如果能,那么求出有多少种方式的过程是如此简单,以至于可以不费吹灰之力地用心算完成。我在题目中给出的数是130,我立刻就看出这是2×5×13。接下来的推理就是,由于65能用两种方式表示(64+1和49+16),所以130也能用两种方式表示,因数2对这个问题没有影响。

最小的可用十二种不同的方式表示成两个平方数之和的数是160 225,因此这就是适合那位苏丹之要求的军队的最少人数。这个数由因数5×5×13×17×29构成,每个因数都是上面规定的类型。如果它们是各不相同的因数,那就会有十六种方式,但由于其中的一个因数重复出现,故只有十二种方式。这里是这十二对方阵的边长:400和15,399和32,393和76,392和81,384和113,375和140,360和175,356和183,337和216,329和228,311和252,265和300。把每对数中的两个数平方,然后加起来,它们的和都是160 225。

★答案 87

这所学校肯定有10名男生、20名女生。因此,女生对女生鞠的躬是380个,男生对男生鞠的躬是90个,男生女生之间鞠的躬是400个,男女

生对那位教师鞠的躬是30个，总共900个，与题目所说相符。应当记住的是，并没有说那教师要向学生还礼。

★ 答案 88

由于每个人所购买的东西其价值都是整先令，而且由于这伙人在出发时总共只拥有四十枚一先令的硬币，因此既没有理由说任何一位女士有着更小的零钱，也没有证据说她们实际上有着这样的零钱。既然如此，唯一合适的答案就是，这些女人的姓名分别为安妮·琼斯、玛丽·鲁滨逊、简·史密斯和凯特·布朗。现在你会发现，正好有八先令余下，这些硬币可以在这八个人中平分而不需要任何零钱。

★ 答案 89

一些炮弹，我们既可以把它们铺在地上形成一个标准的正方形，也可以把它们堆成一个正四棱锥。题目要我们求出这批炮弹至少有多少颗。我将试着把这件事向仅是刚入门的人表示清楚。

$$
\begin{array}{ccccccc}
1 & 2 & 3 & 4 & 5 & 6 & 7 \\
1 & 3 & 6 & 10 & 15 & 21 & 28 \\
1 & 4 & 10 & 20 & 35 & 56 & 84 \\
1 & 5 & 14 & 30 & 55 & 91 & 140
\end{array}
$$

在这里的第一行中，我们按常规顺序放入自然数。第二行中的每个数是上面一行中从左端第一个数到它顶上那个数的和。例如，1、2、3、4，加起来是10。第三行的构成方法与第二行完全一样。在第四行中，每一个数都是把它顶上那个数与此前那个数加起来而生成的。例如，4加上10生成14，20加上35生成55。好了，第二行中的数都是三角形数，这意味着颗数为这些数的炮弹可以铺在地上形成等边三角形。第三行中的数都可以形成我们的正三棱锥，而第四行中的数都可以形成正四棱锥。

于是，这个生成上述各数的过程，向我们证明了每个正四棱锥都是两

个正三棱锥之和,其中的一个最底层每边炮弹颗数不变,另一个则少一颗。如果把上表延续到第二十四个位置,我们就会在第四行遇到4900这个数。它是70的平方,因此我们可以把这么多颗炮弹铺成一个正方形,并可以把它们堆成一个正四棱锥。这种把序列写下去直到我们遇上一个平方数的方法,并不需要什么数学头脑,然而它的作用是:显示了某些特殊难题的答案是可以被任何人所轻易获得的。事实上,我承认我在寻找除4900之外的满足这些条件的数上遭到了失败,我也没有找到一个严格的证明来证明4900是唯一的答案。这是一道难题,而且第二个答案如果存在(我并不相信这一点),那一定是个很大很大的数。

为了方便水平更高的数学家们,我这里补出正四棱锥数的一般表达式 $\frac{2n^3+3n^2+n}{6}$ 。为了让这个表达式同时也是一个平方数(1这个特殊情况排除在外),必须有 $n=p^2-1=6t^2$,其中 $2p^2-1=q^2$(即"佩尔方程")。在我们上面那个解答中,$n=24, p=5, t=2, q=7$。

★ 答案 90

满足这道趣题所有要求的其他数是9801。如果我们把这个数从中间分开,成为两个数,再把它们加起来,我们就得到99。99自乘,即得9801。不错,2025也可如此看待,只是这个数被任两个数字都不能相同这个条件所排除。

一般情况下的解法很奇特。把被撕标签每一半上的数字个数称为n。那么,如果我们取 10^n-1 的素因数分解式(1也要被看作是素因数,其指数恒为1)的每个指数(除了3的指数),把它们分别加上1,再乘起来,则得到的积就是解的个数。例如,对于一张有六位数字的标签来说,$n=3$。不考虑 3^n,10^3-1 的素因数有 $1^1 \times 37^1$,于是那个积就是 $2 \times 2 = 4$,此即解的个数。这里总把98-01、00-01、998-001、000-001等形式较为特殊的解包括在内。解的求法如下:对 10^3-1 进行所有可能的因数分解,但3

的幂不能拆散,这样就有 37×27、999×1。然后解不定方程 $37x = 27y + 1$,解得 $x = 19$ 和 $y = 26$。于是,$19 \times 37 = 703$,703 的平方 $494\,209$ 就给出了一张标签。(通过 $27x = 37y + 1$ 给出的)一个补解可从 $10^n - 703 = 297$ 立刻得到,297 的平方就为又一张标签给出了 $088\,209$。(左边那些无意义的 0 必须添上,尽管它们会导致像 $00238 - 04641 = 4879^2$ 这样的怪异情况,这里作 $2380 - 4641$ 是不能满足要求的。)对于形式较为特殊的情况 999×1,按照上面显示的规律,即在左半边添上些 9,在右半边添上些 0,我们立即就可以写出 $998\,001$。而它的补解就是 1 前面添上五个 0,即 $000\,001$。这样我们就得到了 999 和 1 的平方。一共是四个解。

责任编辑　朱惠霖　李　凌
封面设计　汪　彦

加德纳趣味数学典藏版·第三辑
亨利·杜德尼的代数趣题
[英]亨利·杜德尼　著
周水涛　译

上海世纪出版股份有限公司
上海 科 技 教 育 出 版 社 　出版发行
(上海市冠生园路393号　邮政编码200235)
www.ewen.co　www.sste.com

各地新华书店经销　常熟市华顺印刷有限公司印刷
开本890×1240　1/32　印张5.25　字数126 000
2015年1月第1版　2015年1月第1次印刷
ISBN 978-7-5428-6105-4/O·950
定价:24.00元

喜欢本书的读者，通常还会喜欢——

·加德纳趣味数学典藏版（第一辑）·

·加德纳趣味数学典藏版（第二辑）·

·加德纳趣味数学典藏版（第三辑）·

·"科学美国人"趣味数学集锦·